特种经济动物养殖致富直通车

狐狸

高效养殖关键技术

马泽芳　主编

U0238901

中国农业出版社

北　京

图书在版编目（CIP）数据

狐狸高效养殖关键技术／马泽芳主编．—北京：
中国农业出版社，2019.11
（特种经济动物养殖致富直通车）
ISBN 978-7-109-24988-2

Ⅰ.①狐… Ⅱ.①马… Ⅲ.①狐—饲养管理 Ⅳ.
①S865.2

中国版本图书馆 CIP 数据核字（2018）第 280855 号

中国农业出版社出版
（北京市朝阳区麦子店街 18 号楼）
（邮政编码 100125）
责任编辑　周锦玉　肖　邦

北京通州皇家印刷厂印刷　　新华书店北京发行所发行
2019 年 11 月第 1 版　　2019 年 11 月北京第 1 次印刷

开本：850mm×1168mm　1/32　印张：9　插页：2
字数：190 千字
定价：35.00 元
（凡本版图书出现印刷、装订错误，请向出版社发行部调换）

丛书序

　　近年来，山东省特种经济动物养殖业发展迅猛，已成为全国第一养殖大省。2016 年，水貂、狐狸和貉养殖总量分别为 2 408 万只、605 万只和 447 万只，占全国养殖总量的 73.4%、35.4% 和 21.4%；兔养殖总量为 4 000 万只，占全国养殖总量的 35%；鹿养殖总量达 1 万余只。特种经济动物养殖业已成为山东省畜牧业的重要组成部分，也是广大农民脱贫致富的有效途径。山东省虽然是特种经济动物养殖第一大省，但不是强省，还存在优良种质资源匮乏、繁育水平较低、饲料营养不平衡、疫病防控程序和技术不完善、养殖场建造不规范、环境控制技术水平低和产品品质低劣等严重影响产业经济效益和阻碍产业健康发展的瓶颈问题。急需建立一支科研和技术推广队伍，研究和解决生产中存在的实际问题，以提高养殖水平，促进产业持续稳定健康发展。

　　山东省人民政府对山东省特种经济动物养殖业的发展高度重视，率先于 2014 年组建了"山东省现代农业产业技术体系毛皮动物创新团队"（2016 年更名为"特种经济动物创新团队"），这也是特种经济动物行业在全国唯一的一支省级创新团队。团队由来自全省各地 20 名优秀专家组成，设有育种与繁育、营养与饲料、疫病防控、设施与环境控制、加工与质量控制和产业经济 6 大研究方向 11 位岗位专家，还设有山东省、济南市、青岛市、潍坊市、临沂市、滨州市、烟台市、莱芜市

8个综合试验站1名联络员，山东省财政每年给予支持经费350万元。创新团队建立以来，深入生产一线开展了特种经济动物养殖场环境状况、繁殖育种现状、配合饲料生产技术、重大疫病防控现状、褪黑激素使用情况、屠宰方式、动物福利等方面的调研，撰写了调研报告17篇，发现了大量迫切需要解决的问题；针对水貂、狐狸、貉及家兔的光控、营养调控、疾病防治、毛绒品质和育种核心群建立等30余项技术开展了研究；同时对"提高水貂生产性能综合配套技术""水貂主要疫病防控关键技术研究""水貂核心群培育和毛皮动物疫病综合防控技术研究与应用""绒毛型长毛兔专门化品系培育与标准化生产"等6项综合配套技术开展了技术攻关。发表研究论文158篇（SCI 5篇），获国家发明专利16项，实用新型专利39项，计算机软件著作权4项，申报山东省科研成果一等奖1项，已获得山东省农牧渔业丰收奖3项，山东省地市级科技进步奖10项；山东省主推技术5项，技术推广培训5万余人次等。创新团队取得的成果及技术的推广应用，一方面为特种经济动物养殖提供了科技支撑，极大地提高了山东省乃至全国特种经济动物的养殖水平，同时也为山东省由养殖大省迈向养殖强省奠定了基础，更为出版《特种经济动物养殖致富直通车》提供了丰富的资料。

《特种经济动物养殖致富直通车》丛书包括《毛皮动物疾病诊疗图谱》《水貂高效养殖关键技术》《狐狸高效养殖关键技术》《貉高效养殖关键技术》《肉兔高效养殖关键技术》《獭兔高效养殖关键技术》《长毛兔高效养殖关键技术》《梅花鹿高效养殖关键技术》《宠物兔健康养殖技术》等。本套丛书凝集了创新团队专家们多年来对特种经济动物的研究成果和实践经验的总结，内容丰富，技术涵盖面广，涉及特种经济动物饲养管理、营养需要、饲料配制加工、繁殖育种、疾病防控和产品加工等实用关键技术；内容表达深入浅出，语言通俗易懂，实用性强，便于广大农民阅读和使用。相信本套丛书的出版发行，将对提高广大养殖者的养殖水平和经济效益起到积极的指导作用。

山东省现代农业产业技术体系特种经济动物创新团队

2018 年 9 月

前　言

狐皮细柔丰厚，色泽鲜艳，皮板轻便，御寒性好，是制裘工业的高档原料，号称"软黄金"，与水貂皮、波斯羔羊皮被誉为"世界三大裘皮支柱"，深受消费者喜爱，一直是国际裘皮市场中最畅销的商品之一。

近年来，我国养狐业发展迅速，养殖数量逐年扩大，养殖区域已扩展至河北、山东、辽宁、黑龙江和吉林等 14 个省份。我国虽已成为世界第一养狐大国，但养殖过程中仍然存在一些阻碍产业持续、稳定和高效发展的瓶颈问题，如优良种狐数量少和繁殖成活率低等。为了满足广大养殖者对养狐实用技术的需要，提高技术水平，增加经济效益，笔者在山东省特种经济动物创新团队近五年技术成果和国内外相关资料的基础上，编著了《狐狸高效养殖关键技术》一书。

全书共分 10 个部分，包括人工饲养狐狸的主要品种及特征、养狐场的建设、繁殖与育种、狐的营养与日粮配制、饲养管理、生皮初步加工、狐的褪黑激素应用、养狐场兽医卫生措施以及狐的常见病防治等。在内容上注重生产技术的应用，同时阐明一些养狐基本理论知识，力求做到系统全面、深入浅出、通俗易懂、实用性和操作性强。本书适合广大养狐专业户、养狐场技术人员和饲养员学习之用，也可供有关教学、科研单位和相关专业广大学生参考。希望本书能为广大养狐者提高养狐技术和经济效益提供帮助。

编者虽尽心尽力，但因时间仓促，书中不足和遗漏之处难免，请广大读者多加批评指正，尤其是请从事教学、科研和实践工作的同行们不吝赐教。

编著者

2018 年 11 月

目　录

丛书序

前言

第一章　养狐业发展概况及前景

第一节　我国养狐业的社会地位和作用 …………………… 3

第二节　国内外养狐业发展概况 …………………………… 7

一、国外养狐业发展概况 …………………………………… 7

二、国内养狐业发展概况 …………………………………… 10

第三节　我国养狐业存在的主要问题、

　　　　发展对策及前景 ……………………………… 14

一、存在的主要问题 ………………………………………… 14

二、发展对策 ………………………………………………… 17

三、发展前景 ………………………………………………… 19

第二章　狐的品种及特征

第一节　狐的生物学特性 …………………………………… 21

一、分类与分布 ……………………………………………… 21

二、生态特征 ………………………………………………… 24

第二节　人工饲养的狐品种及特征 ………………………… 27

一、狐的体型外貌特征 ……………………………………… 27

二、国外引进的优良种狐 …………………………………… 29

三、彩狐主要色型及特征 ·············· 30

四、杂种狐 ·············· 32

五、狐的引种 ·············· 34

第三章 养狐场建设关键技术

第一节 场址选择 ·············· 38

一、自然条件 ·············· 38

二、饲料条件 ·············· 40

三、社会环境条件 ·············· 40

四、技术条件 ·············· 41

第二节 养狐场建筑与设施 ·············· 41

一、棚舍建筑 ·············· 42

二、辅助设施 ·············· 45

第四章 狐繁育关键技术

第一节 狐的生殖系统 ·············· 49

一、公狐的生殖器官结构及功能 ·············· 49

二、母狐的生殖器官结构及功能 ·············· 51

第二节 狐的生殖生理特点 ·············· 54

一、季节性繁殖 ·············· 54

二、性成熟 ·············· 54

三、初情期 ·············· 55

四、排卵 ·············· 55

五、受精 ·············· 56

第三节 狐的选种与选配 ·············· 56

一、选种要求 ·············· 56

二、选种标准 ·············· 57

三、基础种狐群的建立 ·············· 63

四、性状选择方法 ·············· 64

　　五、选种方法 ··· 64

　　六、选配 ··· 65

第四节　狐的发情鉴定与配种 ··························· 70

　　一、发情鉴定 ··· 70

　　二、配种 ··· 72

第五节　狐的妊娠与产仔 ······························· 77

　　一、妊娠 ··· 77

　　二、产仔 ··· 78

第六节　狐的人工授精技术 ····························· 80

　　一、狐人工授精技术的优点 ··························· 80

　　二、种狐的选择 ······································· 81

　　三、采精 ··· 81

　　四、精液品质检查 ····································· 84

　　五、精液的稀释 ······································· 85

　　六、精液的保存 ······································· 86

　　七、适宜输精时机 ····································· 87

　　八、输精 ··· 87

　　九、影响狐人工授精受胎率的因素 ··················· 88

第七节　提高狐繁殖力的主要措施 ····················· 91

　　一、繁殖力的评价指标 ······························· 91

　　二、提高狐繁殖力的措施 ····························· 92

　　三、合理利用现代繁育技术 ··························· 94

第五章　狐营养需要与饲料配制关键技术

第一节　狐的营养需要 ································· 95

　　一、狐的消化生理特点 ······························· 95

　　二、狐的营养需要 ····································· 97

　　三、狐的饲养标准 ··································· 106

第二节　狐的饲料及营养特性 ························· 111

一、动物性饲料 ………………………………………… 111

二、植物性饲料 ………………………………………… 118

三、饲料添加剂 ………………………………………… 119

第三节　狐的日粮配制关键技术 ……………………… 119

一、日粮配制要求 ……………………………………… 120

二、日粮配制原则 ……………………………………… 121

三、日粮配方设计方法 ………………………………… 122

第六章　狐饲养管理关键技术

第一节　繁殖期的饲养管理 …………………………… 134

一、准备配种期饲养管理 ……………………………… 134

二、配种期饲养管理 …………………………………… 137

三、妊娠期的饲养管理 ………………………………… 141

四、产仔哺乳期饲养管理 ……………………………… 146

第二节　仔狐养育和幼狐育成期的饲养管理 ………… 150

一、仔狐养育 …………………………………………… 150

二、幼狐育成期的饲养管理 …………………………… 152

第三节　恢复期和冬毛期的饲养管理 ………………… 156

一、种狐恢复期的饲养管理 …………………………… 156

二、冬毛期的饲养管理 ………………………………… 159

第七章　狐皮加工关键技术

第一节　狐皮的结构特点 ……………………………… 163

一、狐皮被毛形态结构 ………………………………… 163

二、狐皮肤组织结构 …………………………………… 165

第二节　狐皮的剥取和初步加工 ……………………… 166

一、屠宰季节与毛皮成熟鉴定 ………………………… 166

二、处死方法 …………………………………………… 167

三、剥皮 ································· 167

四、初步加工 ························· 168

第三节　狐原料皮的质量检验 ············· 171

一、狐毛绒质量 ······················· 171

二、狐皮板品质 ······················· 172

三、狐伤残皮张的处理原则 ··········· 173

四、皮张面积计算方法 ··············· 173

第四节　狐皮鞣制 ······················· 173

一、鞣前准备 ························· 173

二、鞣制 ····························· 182

三、鞣后整理 ························· 184

第五节　狐皮质量评定 ··················· 187

一、狐皮分等要素 ··················· 187

二、狐皮分级标准 ··················· 188

三、狐皮的质量鉴定 ················· 190

第八章　狐褪黑激素应用关键技术

一、褪黑激素促进狐狸毛皮发育的实用技术 ········· 192

二、褪黑激素延迟狐狸发情的实用技术 ············· 195

三、MT 埋置器的安装与使用 ············· 196

第九章　养狐场兽医卫生关键措施

第一节　养狐场的防疫措施 ··············· 199

一、综合性措施 ······················· 199

二、检疫 ····························· 201

三、隔离 ····························· 202

四、封锁 ····························· 203

五、消毒 ····························· 205

六、杀虫 ····························· 208

七、灭鼠 ·················· 209

八、免疫接种和药物预防 ·············· 210

第二节 养狐场生物安全体系建立 ·········· 215

一、养殖场的选址和布局 ············· 215

二、引种 ···················· 216

三、建立严格的管理制度 ············· 216

四、制订科学的疫苗免疫与药物预防程序 ····· 217

五、采取措施减少应激反应 ··········· 218

第十章　狐疾病防控关键技术

第一节 病毒性疾病 ··············· 219

一、犬瘟热 ·················· 219

二、细小病毒性肠炎 ·············· 222

三、狐传染性脑炎 ··············· 224

四、狂犬病 ·················· 228

第二节 细菌性疾病 ··············· 230

一、破伤风 ·················· 230

二、巴氏杆菌病 ················ 232

三、链球菌病 ················· 233

四、大肠杆菌病 ················ 236

五、沙门氏菌病 ················ 238

六、魏氏梭菌病 ················ 240

七、克雷伯氏菌病 ··············· 242

八、狐加德纳氏菌病 ·············· 243

第三节 寄生虫病 ··············· 245

一、弓形虫病 ················· 245

二、螨虫病 ·················· 248

三、肾膨结线虫病 ··············· 251

四、毛虱病 ·················· 252

第四节　中毒性疾病 …………………………………… 253

　一、肉毒梭菌中毒 …………………………………… 253

　二、食盐中毒 ………………………………………… 255

　三、霉菌毒素中毒 …………………………………… 256

　四、毒鼠药中毒 ……………………………………… 257

第五节　营养性疾病 …………………………………… 258

　一、维生素 A 缺乏症 ……………………………… 258

　二、维生素 E-硒缺乏症 …………………………… 259

　三、B 族维生素缺乏症 …………………………… 259

　四、钙磷代谢障碍 …………………………………… 260

　五、维生素 C 缺乏症 ……………………………… 261

第六节　产科病 ………………………………………… 262

　一、流产 ……………………………………………… 262

　二、难产 ……………………………………………… 263

　三、不孕 ……………………………………………… 264

　四、乳房炎 …………………………………………… 265

参考文献 ………………………………………………… 267

第一章
养狐业发展概况及前景

　　狐，俗称狐狸。狐皮属于高档裘皮，细柔丰厚，色泽鲜艳，皮板轻便，御寒性好，是制裘工业的高档原料，号称"软黄金"，与水貂皮、波斯羔羊皮一起被誉为世界三大裘皮支柱，一直是国际裘皮市场中最畅销的商品之一。

　　人工养狐的目的主要是取其毛皮作为服饰为人类护体保暖和追求时尚，进行企业化生产只有近百年的历史。我国养狐业从无到有、从小到大，虽然仅仅发展了60余年，经历了波浪式曲折的发展过程，但目前我国已经成为养殖与裘皮加工大国。狐的养殖总量已超过芬兰、挪威等主要养殖大国，据中国皮革协会2016年调查报告显示，中国养狐总量和取皮总量分别达1 708万只和1 265万张，居世界之首；养殖品种以蓝狐和银黑狐为主，兼养少量赤狐；养殖区域主要分布在山东、辽宁、河北、黑龙江和吉林等14个省份；养殖方式主要有庭院式养殖、场区式养殖和小区式养殖3种；饲料除自配料外，还有饲料企业生产的颗粒饲料、鲜饲料等配合饲喂；疫病防控上，国产疫苗接种率达90%，多年来没有重大疫情发生；养殖场经历了公有、集体所有制形式后，演变为现在的股份制企业、外资企业、合作经营、私有（个体）企业等几种主要形式；皮张销售上，以原皮为主，规模较大的养殖企业一般有较稳定的客户、承销渠道，而大多数养殖户坐等皮货商（经济人）上门收购；行业管理上，由国家农业农村部和国家林业与草原局等部门协调管理，无政策优惠与资金扶持，整个产业处于市场调节、自我完善状态；在养殖环节，国家于2018年成立了国家级行业组织——中国畜牧协会毛皮分会，多数养殖密集省份成立有省区一级的行业协会，实行自我约束和管理。山东省是我国毛皮动物养殖第一大省，于2014年由山东省政府组织建立了山东省现代农业产业技术体系特种经济动物创新团队，创新团队由20余名团队专家组成，政府每年持续给予资金支持，主要研究和解决生产中存在的问题，推动产业持续发展；养殖环节的人才培养与技术支撑主要由中国农业科学院特产研究所（长春）、吉林农业大学（长春）、东北林业大学（哈尔滨）、青岛农业大学（青岛）等几所大学与研究机构承担。

中国毛皮动物产业，由无到有，由小到大，经过60余年的发展，现在已具有相当规模，其社会效益、经济效益都不容忽视。实践证明，毛皮动物产品满足了人们物质生活的多元化需求，整个产业链为中国社会提供了近700万个就业岗位，直接影响着2 000多万人的生活。毛皮动物产业作为部分地区的支柱产业，有效地拉动了地方经济，增加了当地政府财税收入，在人均耕地少、农业生产基础薄弱的地区可帮助农民增收，较好地破解"三农"问题。

毛皮动物产业在中国具有"一短、二杂、三大"的特点。"一短"是发展时间短，与国外100多年的发展历史比较，还处于完善探索阶段；"二杂"是地域跨度大，生产管理形式多样，产业链梳理起来情况稍显复杂；"三大"是养殖量大，加工量大，市场容量大。伴随产业升级，政府层面已开始关注这一利国富民的产业。中国国民经济和社会发展"十三五"规划纲要中提到，"切实转变畜牧业发展方式，从依靠拼资源、拼投入、拼生态环境的粗放经营，尽快转到注重提高质量和效益的集体经营上来，确保内产品供应和畜产品质量安全、生态安全和农民持续增收，努力走出一条中国特色畜牧业可持续发展道路。"而毛皮动物养殖作为畜牧业的重要组成部分，也受到积极的影响。毛皮动物养殖行业正面临着最好的发展机遇期，原因有三：第一，我国经济增长重心向扩内需、调结构转移，以及支援"三农"等相关政策的实施，为毛皮产业提供了更加广阔宽松的发展环境；第二，随着全球经济一体化步伐的加快和国际毛皮产业格局的变化，特别是近二三十年来毛皮行业的快速发展，我国已经成为公认的毛皮生产大国和消费大国；第三，近年来毛皮服装越来越趋于时尚化、个性化，摆脱了季节性和地域性的束缚，毛皮饰品也应用于各种时尚服装、家庭装饰、汽车装饰等领域，应用范畴越来越广泛。而在市场方面，国家商务部正在积极推进特色产业基地建设，并开始调研裘皮进口关税对产业影响的相关问题，探讨引入国际上先进的裘皮拍卖机制的可行性、操作程序。

总之，发展毛皮动物产业符合中国的实际国情，阶段性的问题正在逐步完善。裘皮服装服饰的高贵、典雅、灵动、飘逸点缀着人们五彩缤纷的生活，提升着人们美好生活的幸福感。在中国，毛皮动物产业是充满生机与活力的行业。

第一节　我国养狐业的社会地位和作用

中国养狐业历程虽短，但发展势头迅猛，在社会发展、经济建设、生态保护、提高人民物质文化生活等多方面发挥了积极作用，已经成为国家经济建设和生态建设的重要方面之一。

（一）提供丰富的产品，促进地区经济发展

狐皮属大毛细皮，毛绒丰厚且长、灵活光润，针毛带有较多的色节，颜色美丽大方，皮质轻软柔韧，美观保暖，可供制作各种高档防寒服装、中长短皮大衣、镶头围脖、皮领皮帽等，具有较高的经济价值。其裘皮制品在国内外市场深受消费者喜欢。狐皮雍容华贵，过去是达官贵人、富贾商绅地位和财富的象征。进入 21 世纪，随着社会不断进步发展，生活水平大幅度提高，人们对狐皮及其制品的需要量大大增加。因此，发展养狐业可以大大满足人们对狐皮这一高档消费品越来越多的需求。

人工养狐除主要提供毛皮产品外，狐肉及狐内脏等副产品也有很大的开发利用潜力。狐肉质地细腻，营养丰富均衡，易于消化和吸收，是高蛋白、低脂肪的野味佳肴；狐心、狐胆、狐肝、狐鞭等可入药，用于治疗多种疾病；狐油含有丰富的不饱和脂肪酸，可以作为生产高级化妆品的原料；狐牙和狐骨等可以制成骨粉和精美的手工艺品；狐粪便中含有较高的有机物质和丰富的微量元素，经发酵后可以做成优质的有机肥料。

狐日粮中动物性饲料占比达 60%，在一些渔业或畜牧业生产区，其下脚料丰富且急需转化，这为狐人工养殖提供了饲料来源与条件。在这些地区大力发展人工养狐，既有利于充分利用当地资源，又可创造就业机会，利国利民，变废为宝，加速资源转化。山东、辽宁、河北等沿海地区乡镇，大力发展狐等毛皮动物养殖业，充分利用海鱼产品

加工的下脚料，促进了区域经济的发展。

养狐产业的发展为中国经济的发展做出了重要贡献。尽管由于统计体系的原因，历史上毛皮动物养殖统计数据有空白或欠翔实，饲养毛皮动物对部分地区地方上 GDP 的贡献率尚无系统分析，但这个产业的经济效益是实际存在的。据统计估算，1956—2008 年，中国饲养毛皮动物这一部分累计产值就高达 2 500 亿元。

（二）拓宽农民增收致富渠道

养狐业投资少，易饲养，周期短，见效快，效益高，一般利润为 50％～70％。按当前的种狐价格计算，购买 1 组种狐（200 只母，10 只公）价格为 500 元/只，成本为 10.5 万元，种狐年饲养费、人工费、设备笼舍摊销等计为 300 元/只，总计 1 组种狐开支 6.3 万元；若按每只种狐产仔成活 3 只计算，1 组种狐产仔总计 600 只。若按仔狐卖种 500 元/只计算，1 组种狐卖种收入为 30 万元，仔狐饲养 4 个月卖种出售，仔狐饲养费、人工费、设备笼舍摊销等计为 80 元/只，扣除各项开支 14.4 万元，养 1 组种狐可盈利 15.6 万元。若按商品皮出售计算，仔狐饲养、人工费、设备笼舍摊销计为 240 元/只，1 组总计为 14.4 万元，狐皮价格按 450 元/张计算，打皮总收入为 27 万元，扣除各项开支，可盈利 12.6 万元。因此，养狐已逐渐成为我国许多地区农村经济发展、农民就业和增收致富的新方向。

（三）促进毛皮加工业发展

养狐业的发展极大地促进了毛皮加工业的发展。毛皮加工业主要包括毛皮硝染和毛皮服装生产。狐皮是毛皮工业与服装加工业的原料。据报道，2010年中国规模以上毛皮硝染厂共有571家，生产产值为501.09亿人民币，比2009年同期相比增长37%；中国规模以上毛皮服装生产企业有151家，生产产值为172.2亿元，与2009年同期相比增长了约50%。据业内专业人士保守估计，从2002年开始，规模以上毛皮加工企业和与裘皮有关联的加工企业（不含裘皮鞣制企业）直接与间接从业人员合计420万人。

（四）增加出口创汇，积极参与国际市场竞争

我国加入WTO后，经济发展融入世界经济之中，为参与国际市场竞争提供了机遇。狐是我国毛皮动物生产的重要单元。狐皮制品是高档的消费品，在国际市场上有一定的竞争能力。特别是20世纪90年代末以来，我国养狐业开展了良种繁育，加大了科技管理力度，使其皮张长度、毛绒质量有了大幅度提高。尤其是我国饲料价格偏低，加上劳动力资源丰富，生产成本较低。我国的裘皮及其制品已畅销世界几十个国家或地区，成为外贸出口的拳头产品，赢得了良好的信誉。出口的商品价格坚挺，销路较好。

（五）利于野生动物保护，自然种源与基因库保存

大力发展人工养狐实际是对野外资源的有效保护。在未开展人工养狐之前，人们获得狐皮的方式主要是狩猎野生毛皮动物。到20世纪80年代，中国出口的动物毛皮及其服装服饰产品还有40%～45%直接来源于野外，这就导致野生毛皮动物资源越来越少，破坏了野生种群，导致部分品种濒临灭绝。通过对狐的人工驯养，获取毛皮的方式

不必再通过捕杀野生狐来实现，养殖场就可以提供优质的毛皮，这就有效地保护了野生毛皮动物资源，维持了生物链稳定，保护了生态平衡。另外，人工养殖繁衍还可起到保存自然种源和活体基因库的重要作用，使人类与动物和谐共存。

第二节　国内外养狐业发展概况

狐的人工饲养在北美和俄罗斯开始较早，但企业性生产只有 100 多年的历史。目前以北欧养狐业最为发达。

一、国外养狐业发展概况

1. 起源与发展历史　据记载，早在 1750 年，俄罗斯航行家 Андриан Толстой 在阿留申群岛附近的一个岛屿上，捕获野生北极狐（蓝狐）并将其带回国内饲养。1772 年，Лепехин 在北俄罗斯观察到了居民所抚育的 10 余只幼龄赤狐和北极狐。

1860 年加拿大 Dalton 和 Oarton 开始试养捕获的银黑狐，并于 1883 年人工繁殖获得成功，1894 年在爱德华王子岛上创办了第一个养狐场。1912 年后加拿大养狐成风，多地建立了养狐场，实行企业化生产，至 1924 年养狐场发展到 1 500 家，银黑狐年终存栏数达 3.5 万余只。以后挪威（1914）、日本（1915）、瑞典（1924）、俄罗斯（1927）等国先后从北美引种，将银黑狐从北美洲传到了亚洲和欧洲。

北欧养狐业十分发达。挪威地处北欧，该国初期养狐业发展较为缓慢，但自 1937 年新培育出铂色狐（platinum fox）以来，因狐皮价昂贵（当时一张狐皮平均售价达 550 美元，铂色狐皮则高达 2 000 美元），刺激了养狐生产的迅速发展。1973 年挪威成为世界上最大的狐皮生产国。1980 年挪威、芬兰、瑞典、丹麦的银黑狐、蓝狐皮产量为 184.5 万张；1986—1987 年为 382.6 万张，约占世界总产量的 85%。其中，芬兰居领先地位，1987 年狐皮产量达 305 万张，其次是俄罗斯、波兰等国。

2. 养殖技术的发展　自 1983 年狐人工授精成功至今，世界养狐业经历了快速发展阶段，逐渐形成了以芬兰、美国等为代表的北欧、北美毛皮动物养殖强国。无论是在饲养技术水平、工艺设备、饲料配制、毛皮加工，还是在市场管理等方面都遥遥领先于其他国家。科学和技术的发展促进了养狐业的迅速发展。

（1）利用埋置褪黑激素（melatonin，MT）诱导狐毛皮提前生长和成熟技术　为了促进狐皮提前生长和成熟，俄罗斯科学院兽类研究所研发了褪黑激素埋置剂。成年狐于 5 月末至 6 月初，幼狐于 6 月末至 7 月初，在颈部，一次性皮下注射（埋置）20 毫克（2 粒），于 10 月末即可取皮，可比正常皮兽提前 1～1.5 个月去皮。此外，褪黑激素与生长激素一起使用有巨大的潜力，它能诱导许多哺乳动物迅速生长，在养狐业中使用这种激素预示着将培育出巨型狐，有望使家养狐体重达 20～25 千克成为现实。

（2）人工授精技术　从苏联学者 Starkov（1934 年）的研究工作开始，到在生产中推广应用，经历了近半个世纪的时间。此期间经过许多学者的研究，尤其是挪威 Aamdal 等（1972）和 Fougner 等（1973）狐子宫内输精法的研究，以及 Mellarom（1980）有关狐发情前后阴道电阻值变化的研究，奠定了狐人工授精技术推广应用的基础。狐人工授精技术目前已成为当今世界养狐业的一项需不断深入研究并且迅速推广应用的重大技术。

挪威学者 Aamadal 等（1972，1973 年）从 1971 年开始研究蓝狐子宫内输精法并获成功，受孕率达 80%；70 年代末，此技术在挪威的商业饲养场推广应用；1984 年，人工授精的母狐数达 3.3 万只，占挪威全国种狐数的 30%。

芬兰是世界养狐大国，在推广和使用狐人工授精技术方面卓有成效。1989 年全芬兰人工授精母狐数为 15 万只，占全国种狐数的 30%。芬兰之所以能迅速推广应用这一新技术，重要的经验之一是重视技术人员的技术培养，分地区举办培训班。1985 年芬兰建立了 47 个狐人工授精站；1986 年发展到 94 个，拥有 138 个技术员。

北欧四国中的丹麦和瑞典也在推广应用狐人工授精技术。丹麦 1985 年人工授精母狐数占全国总狐数的 30%，并创建了拥有 130 只种公狐的狐人工授精站，每年可提供 5 000 份精液。瑞典在 1985 年人工授精母狐数占全国种狐数的 5%。据报道，1987 年北欧有近 32 万只种狐接受人工授精。

目前，狐繁殖配种工作已完全由人工授精技术所替代，人工授精技术已成为芬兰和挪威养狐场狐繁殖的常规技术。

狐人工授精技术为种间杂交提供了条件，利用此技术可进行狐的种间杂交。如银黑狐发情与蓝狐发情时间相差近 1 个月，通过人工授精可使其成功进行杂交；此外，赤狐×蓝狐，银黑狐×彩狐等进行种间或属间杂交均获得成功，可生产优质毛皮。

近年来，芬兰北极狐体型选育取得了突破性进展，北极狐体重达 15 千克以上，体长 0.9～1.2 米，其皮张尺码已由 20 年前的长 90～95 厘米（宽 18 厘米）达到目前的 124 厘米以上（宽 22.5 厘米）。

（3）胚胎移植技术　胚胎移植技术被引入狐的繁育工作之中，目前还处在试验阶段。在不远的将来，用犬来生产狐将有可能变为现实。

二、国内养狐业发展概况

1. 中华人民共和国成立前　狐皮的利用在我国有悠久的历史。在西周时期（公元前 1046 年至公元前 771 年）即设有专门管理制革、毛皮的皮官，毛皮制品繁多；西汉（公元前 202 年至公元 9 年）时，毛皮产品经丝绸之路被运到国外。据记载，黑龙江省的北安、齐齐哈尔市郊和嫩江沿岸等地，在 1936 年曾出现过养殖赤狐、乌苏里貉的猎户。

2. 中华人民共和国成立后至改革开放前　1956 年，根据国务院"关于创办野生动物饲养业"的指示精神，我国开始从苏联引进水貂、银黑狐、北极狐等毛皮动物，先后在黑龙江、吉林、辽宁等地创建了 5 个饲养场。由对外贸易部中国土畜产进出口总公司负责制定和审批全国养兽发展规划和有关方针政策，组织经验交流，制定皮张规格和价格，组织毛皮货源出口、引进种兽等业务工作。

1957 年吉林省成立了特产研究所（现为中国农业科学院特产研究所），开始野生动物家养的研究工作，深入研究在养兽业生产中所提出的有关技术性问题。1958 年又成立了吉林特产高等专科学校（现为吉林农业科技学院），以后又有东北林业大学、吉林农业大学、青岛农业大学等高校相继设立了野生动物或特种经济动物专业，为国家培养了高等养兽技术人才。随后不少科研部门与有关高等院校相继进行有关野生动物和特种经济动物饲养繁殖、疾病防治方面的科研与教学工作。近几年，随着毛皮动物养殖业的快速发展，作为毛皮动物第一养殖大省的山东省对毛皮动物养殖业的发展给予了极大的重视，于 2014 年由山东省政府在全国率先创建了由育种与繁育、营养与饲料、疫病防控、设施与环境控制、产品加工与质量控制和产业经济等 6 个岗位和 8 个综合试验站等共计 19 位特种经济动物专家组成的山东省现代农业产业技术体系毛皮动物创新团队，主要任务是研究和解决毛皮动物养殖过程中存在的阻碍生产发展的实际问题，推广先进的养殖技术和研究成果，推动毛皮动物产业的持续发展。该团队多年来的研究和技术推广工作极大地推动了毛皮动物养殖业的发展。

3. 改革开放以后 1978 年，中国开始实行改革开放，加上国际裘皮市场的好转，毛皮动物养殖的格局发生了很大的变化，逐渐演变成现在的股份制、民营企业、外资独资、合资、家庭养殖等多种经营形式。到 20 世纪 80 年代后期，全国毛皮动物存栏量和毛皮年产量均达到相当的规模。养殖形式在原有的农村庭院式养殖的基础上，衍生出了场区式养殖与统一规划小区式养殖，养殖品种上开始出现区域化、多样化，与之相关的饲料、兽药、机械、加工等行业也发展了起来，毛皮动物产业链已成雏形。进入 21 世纪后，狐养殖进入前所未有的迅猛发展阶段，到 2015 年狐存栏量达到历史最大量 2 241 万只。

（1）**养殖区域与规模** 中国狐养殖分布于山东、辽宁、河北、黑龙江、吉林、内蒙古、山西、陕西、宁夏、新疆、安徽、江苏、天津、北京等 14 个省（直辖市、自治区），面积约为 467 万千米^2。但是发展规模不均衡，主要养殖区集中在山东、辽宁、河北、黑龙江与吉林省境内。截至 2016 年 2 月末的统计结果表明，全国狐存栏总量 1 708 万只，山东、河北、辽宁、黑龙江和吉林 5 省份分别占 35.4%、31.1%、16.5%、10.4%和 5.7%。

（2）**养殖品种**　目前狐养殖品种有蓝狐、银黑狐和赤狐。饲养的蓝狐最早引种自芬兰；银黑狐最早引种自苏联；赤狐在我国分布较广，内蒙古、黑龙江、辽宁、吉林地区的品种最佳。

（3）**养殖模式**　各地养殖模式不尽相同，但基本上可以归类为以下三种情况：庭院式养殖由于投入少，准入门槛低，进出自由，目前还是最主要的养殖方式；场区式养殖由于其单场饲养规模大，效率高，也占有相当大的比重；小区式养殖便于统一管理，但由于疾病预防困难，目前已不倡导该方式养殖。

① 庭院式：指在乡村住户的房前屋后搭建笼舍养殖，也被称作养殖散户。每户养殖数量虽然不大，但是总户数不少，这一部分生产者情况复杂，其生产的皮张标准化率低，养殖管理的各环节随意性大，其生存状况与皮张市场价格成高度正相关。

② 场区式：指在村镇外荒地处独立建场，多为独资或合作经营，比较规范、稳定，如哈尔滨华隆农牧集团养狐场、山东聊城金桥养狐场、山东青岛尧天农牧集团养狐场等。其中也包括一些较有实力和养殖时间较长的以家庭为单位的养殖户。

③ 小区式：集中规划出一片养殖小区，笼舍建筑相同，以家庭为单位的各养殖户入住小区内从事养殖，引种、防疫、饲料、销售皮张等生产活动相对一致，经营规范；但随着土地政策约束，养殖小区的规划土地受限，需要政府部门给予支持。目前比较典型的养殖小区有吉林省大安市毛皮动物养殖小区、山东潍坊市大处村养殖小区、山东临沂市重沟街道特种动物养殖园等。

（4）养殖收入 我国毛皮动物养殖多分布于北纬30°北偏东各省及沿海地区。由于地理环境、历史传统等原因，有的地区养殖集中度非常高，有的地区养殖密集程度相对较低。在这些高度密集养殖区狐养殖已成为农民增收的主要途径之一。狐养殖密集区庭院养殖户收入构成中，养殖收入占家庭收入比重已达到71.8%。一些养殖密集程度相对较低的地区，狐养殖作为农民的副业，不是其主要的经济收入来源，农民在种地闲暇之余于庭院养狐，填补家用。

（5）从业人员 养狐从业人员有全职的、有临时性的，更有相当部分的辅助行业从业人员为其服务，诸如饲料、兽药生产及运输各环节的间接从业人员。这些人员在统计从业人员数量时难于准确统计。据估算，养狐业从业人员数量见表1-1。

表1-1 养狐业从业人员数量（万人）

省 份	直接从业人员	间接从业人员	合 计
河北	24.4	5	29.4
山东	13.3	2.8	16.1
辽宁	7.5	1.6	9.1
黑龙江	5.8	1.2	7
吉林	4.1	0.8	4.9
其他	2.9	0.6	3.5
合计	58	12	70

（6）狐皮流向　俄罗斯是中国毛皮出口的最大市场，约占出口总量的50%。随着近年日本、我国香港等国家和地区市场的壮大，俄罗斯所占的份额逐渐缩小。2010年，中国毛皮服装出口量排在前9位的国家及地区分别是俄罗斯、日本、我国香港、韩国、意大利、法国、西班牙、美国和土耳其。

裘皮原料进出口的量近年来也非常大。2010年，中国狐皮直接进口额最大的8个国家分别是芬兰、波兰、丹麦、加拿大、荷兰、美国、德国和俄罗斯。其中，芬兰是我国狐皮进口额最大的国家。

第三节　我国养狐业存在的主要问题、发展对策及前景

一、存在的主要问题

1. 缺乏统一的行业组织和部门管理　我国的养狐业，尽管有些省份已经有了自己的行业组织，但就全国而言，还没有一个比较权威的行业机构来统领全国毛皮动物饲养业的发展，行业的管理仍处于一种没有头绪的状态，管理不科学、不规范，没有规范的价格体系，更没有公平交易的市场环境，因而缺乏凝聚力和战斗力。目前，我国仅有少数几个大的养殖场实现了皮毛的定向销售；绝大多数皮毛收购的随意性很大，往往仅凭皮货贩子的现场验货，没有理性的衡量标准，因而常常造成主业和相关产业脱节、不配套等问题。

2. 处于自发、无序和低水平状态　纵观我国养狐业发

展历程，总的特点是一波三折、大起大落。零碎、分散、小而全的经营方式导致我国养狐业缺乏规范和宏观调控，存在技术含量低、产品质量差、生产效益低、无序发展和不适应市场变化等一系列障碍，特别是在广泛兴起的民营养殖中，这种表现更为突出。我国的养狐业在整体上缺乏产业化建设，无法形成行业内的优化组合，不能实现宏观调控、技术支持、信息服务和相关行业配套的协同，难以促进专业化生产、企业化管理、社会化服务、区域性规模经营的形成，距离使全行业在市场经济条件下走上降耗增效、产品优化、具有国际竞争力、健康稳定的可持续发展轨道尚有很大差距。因此，养狐业所存在的自发、无序和低水平状况亟待解决。

3. 优质种狐数量少 目前，我国养狐业仍以小农经济几十只、数百只的庭院式养殖为主，存在炒种、乱引种和乱串种等现象。这种家庭分散式小规模养殖技术含量较低，抗风险能力较差，产品质量普遍不高，使得我国养狐业在国际市场上缺乏竞争力。近些年来，我国从芬兰、挪威和加拿大等欧美国家不断引进了大量优质种狐，对苏联品种狐进行了改良，使得我国狐皮质量有了大幅度提高，但与欧美国家的原种狐皮质量还有很大差距，特别是至今没有培育出具有自主知识产权品牌的优良狐品种（品系），因此迫切需要培育优质种狐和扩大种狐数量。

4. 饲养方式落后 我国的养狐场存在点多、面广、分散、场小等特征，所养种狐从几十到几万只不等，且种狐的质量差别很大。由于饲养人员素质参差不齐，场内建设五花八门，生产水平、产品质量和经济效益相对悬殊，而且饲养方式落后，基本上是靠手工操作，机械化程度低，所以生产定额与劳动效率也低，平均每人饲养量仅为 300～500 只。许多个体饲养场从选种、育种、疾病防治、饲养喂养、皮张加工到皮张销售等环节，都存在着诸多问题，如产仔率低、死亡率高、毛绒质量差、皮张售价低等，缺乏科学饲养和对国际市场动态信息的了解。我国各养狐场的种狐普遍都是横向自由引入的，个体之间质量差别很大，甚至有的至今还保留早该淘汰的苏联狐。投产后不少场家根本不注重选种、选配和良种的培育，只追求数量，饲养的营养标准很低。所以，无论是种狐还是皮张，在场际和个体之间差别都很大，所获得的经济利益也大打折扣。

5. 缺乏科学配比的饲料 我国发展养狐业已历经 60 余年的时间，虽然干（鲜）饲料加工厂已粗具规模，但养狐场饲料仍以自配料为主，没有形成干（鲜）饲料加工供应体系。不论大小养殖场都得忙于饲料的采购、运输、贮藏、加工，不仅花费掉饲养者的大量精力，而且仍不能保证饲料的稳定供应和高品质。

目前许多养殖企业生产水平低、产品质量差、发病死亡率高，主要是日粮配制不合理、营养水平低下所致。另外，饲料的加工调剂和饲喂方法不科学，难以保证狐各生产时期的营养需要，最后导致生产失败和质量下降。有不少场家在降低饲料营养和降低饲料成本上下功夫，以质量低劣的动物性饲料为主，结果导致单产降低，毛皮质量低劣，最终不但没有降低饲养成本，反而大大降低了经济收入。

6. 对狐的福利重视程度低 2005 年 2 月，国际上曾出现了一系列有关"中国虐杀动物取皮""中国没有动物福利"的夸张报道，甚至出现了"封杀中国皮衣"的声音，对我国养狐业产生了一定的负面影响。虽然这些报道存在着片面及失真等问题，但是这也从一个侧面反映出我国对养狐业的福利重视程度不够等问题。

二、发展对策

我国是一个养狐大国，但绝不是一个养殖强国，无论从具体的养殖企业的生产管理情况看，还是从整个行业的发展现状看，与北欧、北美等养狐先进的国家相比，我国都存在着较大的差距。因此，我国养狐企业在走向世界与国际接轨的过程中，主要面临以下工作任务。

1. 善待动物，提高动物福利，打破绿色壁垒 在给予国际上出现的对中国动物福利相关种种失真的报道回击驳斥的同时，积极提倡在狐饲养以及屠宰过程中遵守中国林业部和农业农村部共同颁布的《中华人民共和国野生动物保护法》《中华人民共和国野生动物保护实施条例》《在特定状态保护下驯养和饲养野生动物许可的管理办法》等相关法律法规。同时在动物屠宰中，应借鉴诸如电击和注射等先进的国际经验。随着我国狐养殖量的增大，要在动物福利方面予以重视，在狐养殖、检验、屠宰等方面加强研究，以免阻碍我国狐皮产品的出口。

2. 加强饲料的科学配比 在众多饲养管理因素中，饲料好坏是关系到生产成败的先决条件，以优质的饲料为保证，生产成功就有了一定的基础。所以为确保毛皮质量优良，除加强品种改良以外，在饲养上必须满足狐的营养需要，同时制订科学的饲料配制方法，提高营养水平，确保种群健康高产，生产优质狐皮，从而获得良好的经济效益。

目前全价饲料伴随着这种需求应运而生。优质的全价饲料由膨化后的谷物性饲料成分，优质鱼粉、肉粉，平衡的维生素营养，多种微量元素、氨基酸等营养配制而成，能够满足狐生长发育的营养需要，并且适口性和消化率较好。使用全价配合饲料，还具有降低劳动强度、提高工作效率等优点。

3. 引进良种 目前我国养狐业的品种质量相对落后，绝大多数养殖企业优良种狐的存栏率不到30％，提高种群质量的任务相当艰巨。品种性能将直接影响到产品质量和劳动生产率，以及生产周期。例如在相同的饲料、技术、设备和管理条件下，饲养如芬兰大体型北极狐等优良品种，就能取得较高的经济效益。因此在选择品种时，最好在专家指导下进行，挑选种源优质、生产性能高的良种。同时，还要查看所选品种的档案资料及系谱记录。过去由国外引进的优良品种普遍存在着严重退化现象，因此需重视科学选育和饲养管理工作。科学育种，组建自己的育种核心群。建立全国性的良种繁育基地，通过引进和培育优良品种，尽快调整品种结构，提高种群质量，同时制定统一种狐标准和质量认证体系。

4. 提高从业人员素质 养狐是一项科技含量较高的事业。要搞好这项生产并取得良好的经济效益，首先要从提高从业人员的素质入手。由于我国养狐规模小且分散，从业人员多且饲养管理水平差异较大。只有首先对饲养人员进行科学的培训，并结合养殖人员之间经验交流的方式来推广先进经验，提高从业人员的专业技能和自身素质，才能扭转我国养狐业生产落后的被动局面，并取得良好的经济效益。

5. 加强技术指导及卫生防疫 主要包括保证饲料、饲养用具、周边环境的卫生，主要常发疾病的检验、检疫和疫苗接种，普通病的预防和治疗，从而控制疾病、提高健康水平和繁殖成活率。良好的饲养管理，可使兽群的健康得以保证，从而有力抗拒一些疾病的侵害，收到事半功倍的防病效果。具体做法是：对有疫苗的传染性疾病，主要采取免疫接种的方法加以控制；对无疫苗的传染病，主要采取血检淘汰的方法加以控制；对普通疾病主要采取加强饲养管理，保证兽群健康，提前预防投药和临床治疗等综合办法加以控制。

三、发展前景

纵观我国 60 余年毛皮动物养殖业的历史发展过程，养狐业始终是伴随着国际国内经济形势的变化而呈现出波浪式曲折向前发展。未来我国养狐业的走势依然是波浪式曲折向前发展的过程，主要有以下三点原因。

1. 发展养狐业符合中国实际国情，大方向不会逆转
发展养狐业一方面可以使农民增收，另一方面可提供更多的就业岗位；但同时应加强行业自律，不断规范产业，使之尽快与国际接轨，避免贸易壁垒。

2. 在我国，裘皮消费的势头与理念不会逆转　裘皮服饰的功能有二，一是御寒，二是追求奢华。在寒冷地区穿裘皮仍是更多人的首选，尤其是好款式为女士所偏爱。因此，近年来裘皮服装销售呈连续增长态势。

3. 国家政策支持方向不会逆转　目前我国提倡科学发展，即对提高生产力有利的和对增加农民收入有利的产业，只要不是高耗能、高污染的行业，就鼓励其发展，并努力创造或改变发展环境助力推进。国家提出"拓展农业功能，发展特色农业，确保农民增收稳定增长"，而狐养殖在中国已经取得的社会和经济效益是显而易见的。所以，要相信在"十四五"期间，我国对毛皮动物产业的重视程度和规范力度会不断加强。

综上所述，只有客观地判断我国养狐业的现状，明确中国养狐业的发展方向和所面临的主要工作任务，我们才能在走向世界与国际同行业接轨的过程中，有的放矢地开展工作，提升我国养狐企业的管理水平和竞争能力，促进我国养狐业持续健康地向前发展。

第二章
狐的品种及特征

第一节 狐的生物学特性

一、分类与分布

狐，俗称狐狸（fox），属于哺乳纲（Mammalia）食肉目（Carnivoraes）犬科（Canidae）的动物。人们所说的狐狸是所有狐的总称。目前，世界上人工饲养的狐主要有银黑狐、北极狐和赤狐等40余种不同的色型，他们分属于两个不同的属，即狐属和北极狐属。

（一）狐属

世界上现存9种，其中赤狐、沙狐、藏狐3种分布于我国。

1. 赤狐（*Vulpes vulpes*） 又称之为草狐、红狐，是狐属中分布最广、数量最多的一种，在我国分布着如下5个亚种。

（1）蒙新亚种（*Vulpes vulpes karagan*） 毛色较淡，呈草黄色，背部、颈部及双肩部呈锈棕色，腹部呈白色。分布于我国北部草原及半荒漠地带，包括内蒙古中部、陕西、甘肃、宁夏北部以及新疆北部。

（2）西藏亚种（*Vulpes vulpes montana*） 毛色赤红至棕黄，略染黑色、银白色调，尾毛黑色较深。主要分布于西藏及云南西部，可能新疆南部所产的狐种也属于本亚种，在国外分布于印度北部、尼泊尔等地。

（3）华北亚种（*Vulpes vulpes* subsp. *tschiliensis*） 被毛比其他亚种的被毛短而疏薄，背毛灰褐色，尾部较小。分布于河北、河南北部、山西、陕西、甘肃等地。

（4）东北亚种（*Vulpes vulpes* subsp. *daurica*） 背毛鲜亮呈红色，针毛不具有黑色毛尖，底绒烟灰色，体侧毛色棕黄，腹部毛色浅灰，尾形粗大。分布于东北地区及苏联西伯利亚地区。

（5）华南亚种（*Vulpes vulpes hoole*） 华南亚种大体与华北亚种相似，背毛为棕褐色，喉部为灰褐色，前肢前侧为麻棕色，腹毛近乎白色。分布于我国福建、浙江、湖南、河南南部、山西、陕西、四川、云南等地。

赤狐在我国的分布范围很广，除海南、台湾两省外，在其他省份中都有分布。其中，分布于东北、内蒙古、河北、山西、甘肃等地的称为北狐，尤以东北、内蒙古所产的赤狐皮毛长、绒厚，色泽光润，针毛平齐，品质最佳，因而其毛皮最为珍贵；产于浙江、福建、湖南、湖北、四川、云南等地者则称南狐。陕西省是南狐、北狐分布的交叉地带。

2. 沙狐（*Vulpes corsac*） 沙狐体型比赤狐小，主要分布在内蒙古的呼伦贝尔盟及青海、甘肃、宁夏、新疆等地。在我国分布有两个亚种。

（1）指名亚种（*Vulpes corsac corsac*） 主要分布于内蒙古的呼伦贝尔盟等地。

（2）北疆亚种（*Vulpes vulpes turkmrnica*） 见于新疆北部。

3. 藏狐（*Vulpes ferrillata*） 体型大小与沙狐相似，栖息于海拔 3 600 米的高原地区，主要分布在我国云南、西藏、青海、甘肃等地；国外则出现在尼泊尔。

4. 银黑狐（*Vulpes fulva*） 又名银狐，是北美赤狐的一个突变色型，银黑狐分东部银黑狐和阿拉斯加银黑狐两种。银黑狐原产于北美大陆的北部和西伯利亚的东部地区，是狐属动物中人工养殖最多的一种。

5. 十字狐 体型似赤狐，四肢和腹部被毛呈蓝黑色，头、肩、背呈褐色，在前肩与背部有"十"字形花纹。十字狐主要分布在亚洲和北美洲地区。

6. 彩狐 是银黑狐、赤狐和北极狐在人工饲养过程中或野生状态下的毛色变种狐。这些变种狐有的色型经过选育提高扩繁，形成了新的色型；有的色型目前数量还很少；有的色型则由于毛色差或毛绒品质低劣而逐步被淘汰。目前银黑狐、赤狐的毛色变种狐以及不同色型交配所产生的新色型共有 30 多种。北极狐的变种色型近 10 种。

（二）北极狐属（*Alopex*）

北极狐又称蓝狐。产于亚欧北部和北美北部，靠近北冰洋一带，以及南美洲南部沼泽地区和森林沼泽地区，如阿拉斯加、北千岛、阿留申群岛、库曼多、格陵兰岛等地。野生北极狐常年生长在北冰洋附近，白雪皑皑，其保护色冬季为白色，夏季色变深一些。但也有另一种浅蓝色的北极狐，其毛色有较大变异，从浅灰、浅蓝色到接近黑色，有时可生下白色北极狐。

二、生态特征

(一) 生活习性

1. 栖息地 野生狐的生活范围很广，无论高原、山区、丘陵、森林、草原还是平原、荒地、河流或湖泊旁都可栖息，但其多栖于隐蔽条件较好的天然树洞、土穴、石头缝隙以及墓穴内，昼伏夜出，抱尾而眠。北极狐分布在欧、亚、北美北部和接近北冰洋地带，生活在沿海、河流沿岸的岛上，喜沼泽地。银黑狐栖息于北美大陆北部和西伯利亚的东部地区。

2. 行为特点 狐的视觉极其敏锐，听觉、嗅觉发达，能发现 0.5 米深雪下或藏于干草堆的田鼠，能听见 100 米内的老鼠轻微的叫声。狐行动敏捷，善奔跑，能沿峭壁爬行，甚至能爬到倾斜的树干上去休息。狐在繁殖期结成小群，其他时期则单独生活。狐的抗寒能力强，不耐炎热，喜在干燥、空气新鲜、清洁的环境生活，这是由于狐汗腺不发达，与狗一样，天热时张口伸舌和快速呼吸的方式来散去热量，调节体温。

3. 食性 狐食性很杂，以动物性食物为主，也食用一些植物性食物。在野生条件下，多以鱼、虾、蚌、鸟类、鸟蛋、爬行动物、两栖动物以及野兽的尸体、粪便为食，尤其喜欢吃野禽以及小型的哺乳动物如鼠、兔等；在食物来源贫乏的情况下，也吃昆虫、蚯蚓，甚至潜入村庄内盗食家禽。狐性机敏而狡猾，常以埋伏的方式伺机捕获猎物，有时也以嬉戏玩耍的方式麻痹猎物，待接近后再实行突袭。当捕到的食物较多时，常将剩下的食物埋起来并撒尿标记，以备饥饿时再吃。植物性食物也是狐常采食的，如多种果实及根、茎、叶等。狐的抗饥饿能力很强，有时连续几天吃不到东西也照常活动。

4. 繁殖 狐是季节性一次发情动物，一年只繁殖一次，繁殖季节在春季。银黑狐和赤狐交配期1—2月，胎产仔3～8只；北极狐发情季节为2月上旬至5月上旬，4—6月产仔，胎产仔8～10只。狐的妊娠期50（49～52）天。幼狐长到9～11月龄达到性成熟。赤狐的寿命为10～14年，繁殖年限大为6～8年；银狐寿命为10～12年，繁殖年限为5～6年；北极狐平均寿命8～10年，繁殖年限为4～5年，最佳繁殖期为2～4年。

5. 天敌 在自然界，狐的天敌有狼、猞猁和猎狗，以及鹰、鹫等猛禽。狐尾的基部都有肛腺，后足掌上有一足腺。这些腺体的分泌物都有比较浓重的臊味。当它遇到敌害时，就立即从肛腺排出腺臭的分泌物以御敌。

（二）换毛

成年狐每年换毛1次。赤狐和银黑狐在早春3—4月开始。先从头、前肢开始换毛，其次为颈、肩、背、体侧、腹部，最后是臀部与尾根部绒毛一片片脱落。新绒毛生长的顺序与脱毛相同，在夏初即停止生长。夏毛较冬毛阴暗稀短。在7—8月时剩下的没有脱掉的粗长针毛大量脱落，以后针绒毛一起生长，一直到11月形成冬季的长而稠密的被毛。北极狐春季脱毛从3月末开始，夏毛的更换在10月底基本结束，12月初或中旬冬毛基本成熟。

银黑仔狐出生时，全身就长满稀短、灰黑色的胎毛，紧贴在皮肤上。随着仔狐日龄增长，毛色渐变黑，当生长到30～40日龄时，银黑狐仔狐在面部能看到白色银毛露出，

2～3 月龄时，银毛在全身分布就更明显了。北极狐仔狐 10 月以前基本是绒毛组成的毛皮。

狐换毛时间，主要受日照时间、天气温度、饲料营养水平和年龄等因素影响。其中，日照时间对脱毛影响很大，在夏秋两季人工缩短日照时间，冬毛可提前成熟。另外，在低温时，毛的生长可能快一些。

（三）狐的新陈代谢

狐新陈代谢的季节性变化是其主要的生物学特点。物质代谢、繁殖、换毛和行为活动等都具有严格的季节性。

狐的物质代谢水平在一年不同时期并不一致，有着不同的变化（表 2-1），以夏季最高，冬季最低；春秋相近，但高于冬季而低于夏季。秋冬两季消耗的营养物质比夏季少，秋季营养物质主要用于沉积体内贮备。代谢水平依个体的体况有所差异。体质健壮的狐，每小时每千克体重要排出 CO_2 312 毫升，但体质弱的狐在同样条件下只排出 CO_2 250 毫升。代谢水平同活动量有关，通常剧烈活动的狐，其代谢水平比平时高 4～5 倍。一年四季内物质代谢的变化，则引起体重的季节性变化。秋季银黑狐和北极狐的体重比夏季（7—8 月）平均提高 20%～25%，这是由于在体内沉积大量脂肪所致；在 7—8 月最轻，12 月至翌年 1 月体重最重（表 2-2）。

表 2-1 狐在各个季节的基础能量的消耗（兆焦）

（引自朴厚坤，2006）

品　种	春　季	夏　季	秋　季	冬　季
银黑狐	0.234 3	0.259 4	0.217 6	0.175 7
浅蓝色北极狐	0.292 9	0.330 5	0.284 5	0.246 9

表 2-2　成年狐体重的季节性变化（千克）

（引自朴厚坤，2006）

月 份	银黑狐		北极狐	
	公	母	公	母
1	7.4 (6.9~7.6)	5.9 (5.4~6.4)	7.0 (6.2~8.0)	5.5 (5.6~6.4)
2	6.6 (6.2~7.0)	5.3 (4.8~5.7)	6.8 (6.6~7.6)	5.2 (4.6~6.2)
3	6.0 (5.5~6.4)	4.8 (4.4~5.2)	6.4 (5.7~7.1)	5.0 (4.7~5.9)
4	5.7 (5.4~6.3)	4.6 (4.3~5.0)	5.9 (5.3~6.9)	4.6 (4.3~5.4)
7	5.6 (5.2~5.9)	4.4 (4.1~4.8)	5.2 (4.7~5.8)	4.1 (3.8~4.8)
8	5.9 (5.5~6.3)	4.7 (4.4~5.1)	5.4 (4.9~6.1)	4.3 (4.0~5.0)
9	6.5 (6.0~6.9)	5.2 (4.7~5.6)	5.8 (5.3~6.6)	4.6 (4.3~5.4)
10	7.0 (6.5~7.4)	5.6 (5.1~6.1)	6.3 (5.7~7.2)	5.0 (4.7~5.8)
11	7.3 (6.8~7.6)	5.8 (5.3~8.3)	6.8 (6.1~7.7)	5.4 (4.9~6.2)
12	7.5 (7.0~8.0)	6.0 (5.5~6.5)	7.1 (6.3~8.1)	5.6 (5.2~6.5)

第二节　人工饲养的狐品种及特征

　　人工饲养的狐有赤狐、银黑狐、十字狐、北极狐，以及各种突变型或组合型的彩狐，分属于两个不同的属：一是狐属，如赤狐、银黑狐、十字狐等；二是北极狐属，如北极狐。

一、狐的体型外貌特征

（一）赤狐

　　赤狐（彩图 2-1）颜面长，吻尖；体躯细长，体长66~75 厘米；四肢短，体高 40~45 厘米；公狐体重 5.8~

7.8千克，母狐体重5.2～7.4千克；尾长超过体长的一半，可达40～60厘米，尾特别蓬松。赤狐毛色变异大，耳背面和四肢通常是黑色或黑褐色；喉部、前胸、腹部的毛色浅淡，呈浅灰褐色或黄白色；体躯背部的毛色是火红色或棕红色；尾毛红褐带黑色，尾尖白色。

（二）银黑狐

银黑狐（彩图2-2）体型外貌与犬相似。嘴尖，耳长直立，腿高，腰细，尾巴粗而长；公狐较母狐大些，一般公狐体重5.8～7.8千克、体长66～75厘米，母狐体重5.2～7.2千克、体长62～70厘米；四肢细长，体高40～50厘米；尾长40～50厘米；全身被毛基本为黑色，有银色毛均匀分布全身，臀部银色重，往前颈部、头部逐渐变淡，黑色逐渐加重。绒毛为灰褐色。针毛分为三个色段，基部为黑色，毛尖也为黑色，中间一段为白色。银黑狐的吻部、双耳的背面、腹部和四肢毛色均为黑色。银黑狐在嘴角、眼睛周围有银色毛，脸上有一圈银色毛构成银环。尾端毛白色，形成4～10厘米的白尾尖；尾形以粗圆柱状为最佳，圆锥形次之。

（三）北极狐

北极狐（蓝狐）较银黑狐短粗。嘴短粗，耳小而圆，躯体较胖，腿较短；被毛丰厚，绒毛非常稠密，针毛柔软不发达，足掌有密毛。成年公狐体重5.5～7.5千克，体长56～68厘米，最长可达75厘米；母狐体重4.5～6.0千克，体长55～60厘米。尾长25～30厘米。

北极狐有两种颜色。蓝色型北极狐，体色整年都是蓝色的，比较常见的是深灰且略呈褐色的阿拉斯加蓝狐和颜色略浅的极地北极狐（彩图 2-3），现今养殖的蓝狐部分源自这两种蓝狐；白色型北极狐（彩图 2-4）毛色随着季节不同，深浅也有变化，冬天是白色，夏天色变深呈灰色。蓝狐蓝色是显性遗传，白色是隐性遗传。饲养场最常见的蓝狐毛色变异种是显性遗传的影狐（Shadow），也有其他程度不同的隐性及显性的毛色遗传变异，但养殖场数量较少。

二、国外引进的优良种狐

（一）芬兰北极狐

芬兰北极狐（彩图 2-5）是芬兰经过多年体型选育培育出来的大体型北极狐，其本交能力很低，基本上采用人工授精技术繁殖。芬兰北极狐初引种的第一年繁殖力较低，风土驯化适应期长。芬兰北极狐针毛尖有灰、黑两种色型，其售价在芬兰国内没有差别，但考虑到国内市场的喜好，引种时应偏重于灰色毛尖的个体。芬兰北极狐主要有以下几方面的特点。

1. 体型硕大　芬兰原种北极狐体型硕大，成年狐平均体重 15 千克以上，公狐最大体重达 20 千克以上，体长 90～120 厘米。其皮张尺码达 124 厘米以上（宽 22.5 厘米）。

2. 毛皮品质优良　绒毛致密丰厚，针毛短、密而平齐，光泽度强，灵活华美。

3. 皮肤松弛，皮张伸展率高　芬兰原种北极狐全身皮肤松弛，腹部皮肤松弛而明显下垂。颌下和颈部皮肤多皱褶，因而皮张伸展率高，鲜皮上楦后的伸展率为活体体长的70%以上，较改良狐（50%）和本地狐（35%）的鲜皮伸展率均高。

4. 性情温驯饲料利用率高　芬兰原种北极狐性情温驯，运动性差，因而饲料利用率和报酬率高。温驯的芬兰原种北极狐可任意由饲养人员抱起而无反抗和扑咬行为。但也由于公狐体大笨重，基本上失去了自然交配的能力。

5. 遗传性能稳定　芬兰原种北极狐遗传性能稳定，其纯繁后代比较整齐，分化现象不明显。用其作父本与某些地产北极狐杂交，杂交后代体型和毛皮品质明显改进和提高，个别杂交后代达到甚至超过父本体型。

（二）芬兰原种影（白）狐

芬兰原种影狐（彩图 2-6）全身毛色成均匀一致的洁白色，或针毛尖部略带灰色调，其体型和毛质同芬兰原种北极狐没有差异。属显性遗传基因遗传，基因纯合时有胚胎致死现象。

（三）芬兰原种银黑狐

芬兰原种银黑狐体型较芬兰北极狐略小而清秀，针绒毛均较长。在芬兰主要作为用于银黑狐、蓝狐杂交的种狐。用其杂交生产的银蓝狐皮毛色靓丽，质量更佳，深受市场欢迎。

三、彩狐主要色型及特征

狐的毛色遗传是由主色基因决定的。现在已知的野生型赤狐毛色基因有 9 对，分别为 AA、BB、CC、GG、EE、PP、SS、ww 和 mm（斯堪的纳维亚基因分类系统）。而野生型浅蓝色北极狐毛色基因已知有 7 对，分别为 CC、DD、EE、FF、GG、LL 和 ss（斯堪的纳维亚基因分类系统），其他色型是浅蓝色北极狐的突变种，根据其基因的显、隐性可分为隐形突变型和显性突变型等。

（一）狐属的彩狐

狐属彩狐是赤狐、银黑狐的毛色突变类型，分显性遗传和隐性遗传两种性状。显性毛色遗传基因彩狐主要有白（铂）金狐、白脸狐、大理石（白）狐、乔治白狐，国内以白金狐、白脸狐、大理石白狐常见，他们的基因相似，但复等位基因不同。狐属隐性毛色遗传基因彩狐主要有珍珠狐、白化狐、巧克力狐和棕色（琥珀）狐，体型外貌类似赤狐、银黑狐，被毛颜色各异。

1. 白金狐（bbW^{P}w） 是银黑狐的显性突变类型。被毛黑色素明显减少，淡化成白里略透蓝近似于铂金的颜色，颈部有白色颈环，鼻尖至前额有一条明显的白带，尾尖为白色。白金狐为杂合子（W^{P}w），当自交时，产仔数下降，是 W^P 基因纯合体导致胚胎致死的结果。

2. 白脸狐（bbWw） 又称白斑狐，是银黑狐显性突变类型。毛色近于白金狐，四肢带有白斑。白脸狐显性基因（W）纯合也有胚胎致死现象。

3. 北极大理石白色狐（bbmm） 全身毛色呈均匀一致的白色，有的嘴角、耳缘略带黑色，显性基因纯合无胚胎致死现象。

4. 珍珠狐（bbppW^{P}w） 被毛呈均匀一致的淡蓝色，类似珍珠颜色而得名。是银黑狐的隐性变种，国内外饲养较多。

5. 棕色狐 现有两种类型，一种是巧克力色狐（bbgg），另一种称科立特科（Colicott）棕色狐（bbee），均是银黑狐的隐性突变类型。巧克力狐被毛呈均匀一致的深棕色（类似于巧克力颜色），眼睛棕黄色。Colicott棕色狐被毛呈均匀一致的棕蓝色（类似于琥珀色），眼睛蓝色。

6. 琥珀色狐（bbppgg） 被毛呈均匀一致的棕蓝色（类似琥珀颜色），眼睛蓝色，为银黑狐的隐性突变类型。

（二）北极狐属的彩狐

北极狐属彩狐类型较狐属少，主要有影狐、蓝宝石北极狐、珍珠北极狐、蓝星北极狐、白金北极狐等。国内以影狐多见，其余色型没有。

1. 影狐（Ss） 是蓝色北极狐的显性突变类型。头部有斑纹，体双侧和腹部几乎全白，背部有一条暗色的线，鼻镜粉红或粉黑相间的颜色，眼有蓝色、棕色和一蓝一棕的。毛色最浅的影狐几乎呈白色。显性基因纯合有胚胎致死现象。

2. 白化狐（cc） 是浅蓝色北极狐的隐形突变型，毛色为白色，生活力弱。

3. 白色北极狐（dd） 是浅蓝色北极狐的隐形突变型，幼龄毛色成灰黑色。冬天毛色为白色，底绒为灰色。

4. 珍珠北极狐（ee） 被毛毛尖呈珍珠色，鼻镜粉红色，是蓝色北极狐隐性突变类型。

5. 蓝宝石北极狐（ff） 被毛呈浅蓝色，是蓝色北极狐隐性突变类型。

四、杂种狐

近年来，狐属与北极狐属之间的杂交生产杂种狐，在养狐生产中越来越引起人们的重视。主要是其杂交后代的毛绒品质均好于双亲，它克服了银黑狐针毛长而粗，北极狐针毛短且细、绒毛易缠结等缺陷。杂种狐皮绒毛丰厚，针毛平齐，色泽艳丽，具有更高的商品价值。

由于狐属与北极狐属发情时间不同步，所以属间杂种狐狸的生产多半采用人工授精的方式进行。一般采用狐属的赤狐、银黑狐或彩狐作父本，利用其高质量皮质；北极狐属的北极狐或彩狐作母本，利用北极狐的高繁殖特性。倘若反交，产仔数低。属间杂交子一代杂种狐无繁殖能力，只能取皮。杂交一代狐完全不育，可能是由于亲本染色体核型差异（银黑狐含有 B 染色体，染色体数目为 $2n=34\sim42$；蓝狐存在着丝粒融合，染色体数目为 $2n=48\sim50$），联会时染色体不能完全配对（杂交一代狐染色体数目为 $2n=34\sim48$），出现错配，不能产生正常的配子或是染色体出现断裂。

目前杂种狐主要有蓝霜狐（银蓝狐）、银霜狐（蓝银狐）和金岛狐（赤狐与白色北极狐或银黑狐与白色北极狐杂交后代）等。

（一）蓝霜狐

蓝霜狐（Blue frost fox）是以银黑狐（VuIpes fulvua）为父本、蓝狐（Alapes lagopus）为母本杂交的后代，在俄罗斯、芬兰、丹麦等国又称为银蓝狐。

蓝霜狐毛色呈现银黑狐特点，体型和毛质趋于北极狐，外型特征介于银黑狐和蓝狐之间。蓝霜狐体长大于蓝狐，而小于银黑狐；脸型与蓝狐相似，耳长介于银黑狐和蓝狐之间。冬毛的颜色、长度、密度等兼备父母本的特征，其背部针毛似银黑狐，但较其平齐，并具蓝狐样稠密的绒毛。背部针毛绝大多数毛尖黑色，毛干白色，黑色段占全长的 1/8～1/7，并均匀分布着少量的全黑色针毛；绒毛蓝灰色、平齐而丰厚。由于背部针毛的白色毛干高于绒毛，所以就像蓝灰色的底绒上落一层白霜，使毛皮显得异常高雅华贵，此特征是其命名的主要依据。由于背中部针毛黑尖部分长于后臀部的黑毛尖，所以背中部毛色明显黑于后臀部；颈侧、肩侧针毛明显长于体侧，长度为 75～90 毫米，且黑色毛尖约占全长的 1/3，此特征与银黑狐极相似；面部毛短平，针毛白色也具黑尖，耳黑色；前肢外侧和后肢内侧均趋黑色；尾部针毛灰白色，毛尖黑色并均匀分布着极少量的全黑色针毛，尾具有和银黑狐一样的白色尾尖。

银黑狐与蓝狐杂交繁殖力高，每胎产蓝霜狐 7～8 只，与蓝狐相近。

（二）银霜狐

银霜狐（silver fox）也称蓝银狐，是以蓝狐为父本、银黑狐为母本杂交的后代。毛绒丰厚，毛色灰蓝、光润，毛峰齐，跖部有密毛，适合严寒气候条件。

五、狐的引种

（一）外引种狐选种的依据

1. 选择种狐品质优良的场家 外引种狐，特别是芬兰纯繁种狐时，一定要货比三家，选择种狐品质优良、纯正，饲养管理好，信誉高的场家引种，以防以次充好、以假乱真甚至上当受骗的现象出现。

2. 种狐必须符合种用标准 要购买市场适销对路的优良品种类型；种狐的销售一般是以质论价，引种者千万不要只图便宜，引进不符合种用标准的种狐。一般引种时，以购买当年幼龄狐为主；初去养殖户引种时，可与售种场家协商适当引进部分质量可靠的老种狐。

3. 引种时间 以秋分（9月下旬）至冬至（12月下旬）间为宜。过早引种尚看不到种狐的毛皮品质如何，而过晚引种又对准备配种期饲养不利。

4. 引种地域 宜北兽南引，不宜南兽北移。

（二）种狐的运输

1. 运输前准备工作 运输前应准备好运输车辆、途中饮水喂食用具和运输工具等。运输笼不能太小，且应每狐一笼。种狐运输笼2只一组，尺寸不小于长60厘米、宽80厘米、高40厘米。启运前要办理好检疫和运输工具消毒证明，有的地方还要办理运输证明，并随身携带，以备检查。

2. 运输途中注意事项 应选择在天气凉爽时运输。用汽车运输时，运笼上要加盖苫布遮阳防雨。长途运输时，中途尽量不要停歇。1昼夜路程时，可不供食供水；2～3昼夜的路程时，中途应少量饮水，可不喂食；超过3昼夜应喂给少量食物。

3. 疫苗免疫接种 运输前应由场家接种过犬瘟热、病毒性肠炎疫苗和狐脑炎疫苗。如未注射，应先接种这些疫苗，经2～3周观察无异常情况后，再将种狐运回。

4. 运笼做好标记 运输时要将运笼做好种狐号码标记，以防引回场后种狐系谱错乱不清。

（三）不同品种狐的选种要点

1. 银黑狐种狐

（1）秋季换毛　优选换毛早、换毛快的个体，要求全身夏毛已全部转换为冬毛，头、面部针毛竖立。

（2）被毛性状　外观印象总体毛色黑白分明、银雾状美感突出，既不太黑、又不太浅。

（3）银毛率　即银色针毛的分布，优选从头至尾根银毛分布均匀者。

（4）银毛强度　受针毛银白色部分的宽度所制约，太宽则总体毛色发白，太窄则总体毛色发黑、银雾感降低。应优选银毛强度适中者。

（5）针毛尖和银毛的黑、白颜色反差　针毛黑色部分越黑、白色部分越白，即反差越大，品质越佳。

（6）背线和尾毛　优选从头至尾脊背黑色，背线清晰和尾尖毛白的个体。

（7）体型性状　秋分时节公狐体重不小于 5 千克、母狐体重不小于 4.5 千克；体长公狐不小于 65 厘米、母狐不小于 60 厘米。

2. 狐属的彩狐种狐　引种时，体型、外貌、被毛转换可参照上述银黑狐选种规则，但毛色性状要符合本色型的典型特征。

3. 原种芬兰北极狐和纯繁后代种狐

（1）秋季换毛和冬毛成熟　国内引进芬兰原种纯繁北极狐，秋分时节要求冬毛转换良好；国外引进芬兰原种北极狐，则要求在取皮季节冬毛完全成熟。必须是非埋置褪黑激素的个体。

（2）遗传性状　头型方正、嘴巴宽短、四肢粗壮、爪大而长、体形修长、皮肤松弛、性情温驯等均为芬兰北极狐优良性状，应侧重体型修长、皮肤松弛性状的选择，不要片面强调体重。

（3）性器官发育　要逐只检查种狐性器官的发育情况，淘汰单睾、隐睾、睾丸发育不良的公狐和外生殖器官位置、形状异常的母狐。

（4）体型性状　国内引种，秋分时节公狐体重不小于10千克、母狐体重7千克左右；体长公狐不小于70厘米、母狐65厘米。引进原种芬兰狐，公狐体重不小于15千克，体长不小于75厘米；母狐体重8千克左右，体长65厘米左右。

4. 国产北极狐和改良北极狐种狐

（1）被毛颜色　宜优选蓝色北极狐引进（符合国内市场需求）。

（2）秋分换毛　宜优选夏毛已全部转换成冬毛（全身被毛变白）的个体。

（3）被毛性状　宜优选针毛短平、绒毛厚密的个体。

（4）体型性状　秋分时节地产狐体重不小于5.5千克，改良狐不小于7.5千克；地产狐体长不小于55厘米，改良狐不小于65厘米。

5. 影狐种狐　宜引进全身针、绒毛毛色洁白一致、体型修长、皮肤松弛的个体。其他性状可参照国产北极狐和改良北极狐引种规则。

第 ③ 章
养狐场建设关键技术

根据狐的养殖规模，科学合理设计饲养场建设布局，准备各种饲养设施、器具和饲料，预防疾病等，以保证狐正常生产，获得最大经济效益。

第一节 场址选择

狐场场址的选择是开展狐人工饲养的基本条件，场址直接关系到狐养殖的效益及发展。场址条件与场内设施，都应符合狐的生物学特性与生态要求，做到利于疾病防治、狐的健康，以及饲养管理等。

一、自然条件

自然条件是狐场建设的首选条件。选定场址的自然环境条件必须符合狐的生活习性，使其能在该地正常繁育、换毛，并能生产优质产品。在我国，北方地区的气候适合狐生活、繁殖和皮毛成熟等，而西南地区按垂直分布高海拔的地方也可饲养。通常，地理纬度高于30°的地区可养狐。除气候外，选择狐饲养场时，应考虑地形、地势、风向、水源和土质等条件。

1. 地形地势 地势总的要求是地势高燥、背风向阳、通风良好、地下水位较低、排水通畅等。如背风向阳的南面或东南面山麓，以及能避开强风吹袭和寒流侵袭的山谷、平原等地方。在山区建场应选在有缓坡（总坡度不超过25％，场内坡度在2.5％以内），面向东南，左右和后面环山，呈簸箕形的地方。勿建在易滑坡、有断层和塌陷的地段，也勿建在坡底、谷地、风口处。在平原建场，应选在比周围地段稍高的地方，地下水位低于建场地基0.5米以下为宜。勿建在低洼潮湿、泥泞的地区。

2. 风向 狐场设计应符合营造场内良好小气候的要求。气温关系到狐舍的朝向、遮阴设施的设置；风力、风向、日照关系到狐舍的建筑方位、朝向、间距、排列次序。由于风向直接关系到狐舍的冬季防寒和夏季通风防暑等问题，因此，选择狐场时，应考虑当地的风向。我国地处北纬20°～50°，北方冬季寒冷，南方夏季炎热，因此北方狐舍应防寒，南方应防暑。北方冬季多刮西北风，所以狐舍应坐北朝南或坐西北朝东南。狐舍长轴不可朝向西北，否则西北风穿堂而过，致狐舍寒冷。南方夏季多刮东南风，为使穿堂风降温，狐舍长轴应对着东南方向，以便降暑。

3. 水源 由于狐饲养场需要大量水用于饲料加工、清扫冲洗、动物饮用等，因此场址应选择在水源充足的河流、山涧、溪水、湖泊或地下水资源丰富的地方。此外，水资源应符合饮水的卫生标准，如大肠杆菌指数不能超标，不许含氟、汞、铅、砷等有毒元素。决不能使用死水或被污染的水。饮水最好是地下水、山涧水和自来水。根据我国目前的环保情况，河流、湖泊水多被污染，故应经净水设备处理后再用。

4. 土质 修建狐饲养场应选择透水性能较好和容易清

扫各种污物的沙土、沙壤土或壤土的区域。透水性能较差的黏土区域，不易排出积水，阴雨天易造成潮湿泥泞，冬季容易冻结，热胀冷缩容易导致建筑物变形开裂等情况发生，因此不适合修建狐饲养场。

二、饲料条件

狐饲养场应建在饲料来源比较广泛，极易获得动物性饲料的地区，如畜禽屠宰场、沿海渔场等，以保证充足的饲料供应。此外，也可以同时建立养鱼场、养鸡场等，以保证养狐场动物性饲料终年不断。应提前对所需要的饲料种类和数量进行全年预算。

三、社会环境条件

筹建狐饲养场时，还应考虑交通、电源、环境卫生和环境保护等社会环境条件。

1. 交通条件　为了便于饲料及其他物质运输，狐饲养场选址时应考虑交通条件。最好选择在便于运输又环境安静的离公路和交通要道300～500米或以上的区域建场。如果不能配备冷库，为了便于贮存动物性饲料，应尽量将饲养场建在离所使用冷库比较近的区域。

2. 电源　饲料加工调制、饲料冷冻贮藏以及开展相关研究等需要电源。因此，饲养场场址宜选择能够短距离引入电源的区域。此外，应配备小型发电机，以备停电时应急。

3. 环境卫生　狐饲养场应远离居民区和畜禽养殖场。为了防止传染性疾病的传播，饲养场应建在距离居民区500

米以上的区域，大型饲养场应远离居民区 1 千米以外。如果当地曾流行过畜禽传染病，则应对拟要建场的区域进行严格消毒灭菌，当符合卫生防疫要求后再建场。应在饲养场出入口设置消毒石灰槽，在饲养场周围和场内进行植树绿化，始终保持饲养场环境卫生。

4. 环境保护　筹建养狐场，应考虑狐饲养过程是否诱发环境污染。养狐场的主要污染物为狐的粪便和冲洗棚舍的污水，如果对这些污物处理不当，就会对环境造成污染。因此，对狐粪便应及时收集并进行发酵处理后制成有机肥料，或者用发酵的粪便与土壤混合作为饲养蚯蚓的饲料，以获得大量用于饲喂狐的动物性饲料。狐场的污水不能直接排入江、河、湖泊，应经过无害化处理达标后再排放。

四、技术条件

狐的人工饲养是一项技术性很强的产业。因此，必须事先培养技术力量或外聘技术人员来指导本场的技术工作，同时，应加强狐人工饲养相关知识的学习，与相关单位建立密切的技术、生产和市场信息等交流关系。

第二节　养狐场建筑与设施

选好养殖场场址后，根据狐场规模，全面、科学地设计各种用于饲养狐的相关房屋和棚舍建筑。狐场的总体布局分生活区、办公区和饲养区三部分，通常情况下，养狐场必须有狐棚、笼舍、饲料加工室等必备建筑，有条件的大中型养狐场还应具备冷库、干饲料加工室和贮存仓库、皮张加工室、消毒室、兽医室、采精输精室等。各种房屋的建筑面积及各建筑物的具体位置应合理布局。例如，饲料加工室与狐棚舍之间既要保持一定距离，但又不能相距太远，要求做到既符合卫生防疫要求，又便于饲料运输。饲料冷藏室及干饲料仓库应靠近饲料加工室，以便于取运饲料。病狐隔离治疗室应建在离饲养区较远的下风向地方，以防疾病传播蔓延。

一、棚舍建筑

（一）狐棚

狐棚是安放笼舍的地方，具有遮阳、防雨等作用（彩图3-1）。狐棚的走向和配置对温度、湿度、通风和光照等都有很大影响。设计狐棚时，应考虑到夏季能遮挡太阳的直射光，通风良好；冬季能使狐棚两侧较均匀地获得阳光，避开寒流的吹袭。北方高寒地区，在北侧可设遮风障。狐棚的走向一般根据当地的地形地势及所处的位置而定，一般以东南→西北为宜，夏天可避免阳光直射，冬天可获得更长时间的光照。普通狐棚只需修建棚柱、棚梁及棚顶盖，不需要修建四壁。

修建狐棚的材料可因地制宜、就地取材。有条件的狐场可用三角铁、水泥墩、石棉瓦结构（彩图3-2），虽然成本高，但耐用。也可用砖木结构，还可采用大棚式结构（彩图3-3）。养殖皮狐也可在露天下制作简易的笼上遮盖石棉瓦的狐棚（彩图3-4）。狐棚的长度不限，一般为50～100米，以操作方便为原则。宽度视排数而定，若放2排，笼舍可设计成4～5米；若放四排笼舍，则可设计为8～10米，通常狐棚的脊高 2.6～2.8 米，前檐高 1.5～2 米，宽 5～5.5 米，作业通道为 1.2 米，棚顶呈"人"字形、一面坡形或弧形均可。

（二）笼舍

狐笼和窝室（小室）统称为笼舍，是狐活动和繁殖的场所。目前，虽然依地区或养殖场（户）不同而采用不同形态、材料和大小的狐舍，但设计制作笼舍的总体要求为适应狐的正常活动、生长发育、繁殖和换毛等生理特点。笼舍的设计应满足夏季凉爽，冬季防寒，日光勿直射，疾病易防治。此外，制作笼舍的材料应经济耐用，而且要符合卫生要求，狐不易跑出，便于饲养管理和操作。

狐笼和窝室，一般是分别制作，统一安装于狐棚内外两侧。这样安装的笼舍便于搬移和拆修。

1. 狐笼 （彩图 3-5）可分为单式、二连笼和三连笼三种，可根据狐场条件加以选择。单式狐笼规格为长 100～150 厘米，宽 90～100 厘米，高 80～100 厘米，笼腿高 50 厘米。皮用狐的大小有异，但笼的长度不应小于 70 厘米，高 80～90 厘米，活动面积 0.5～0.6 米^2 即可。芬兰品种蓝狐的笼应大些。

在狐笼的正面设门，以便于捕捉和喂食，规格为宽40～50 厘米，高 80～100 厘米。食槽门宽 28 厘米、高 13 厘米。狐笼可采用14～16 号的铁丝编织，铁丝网最好选用镀锌铁网，铁丝的直径 2.0～2.5 毫米，笼底的网眼规格为 3 厘米×3 厘米，盖和四周为 3.5 厘米×3.5 厘米。此外，也可以在笼里一端设有跳台，高 30 厘米、宽 30 厘米。

2. 小室 常安放在笼的旁侧（左右）或后面（彩图 3-6）。

对皮兽来说，小室是其休息的地方，对于种母狐来说是其哺育仔狐的窝室，小室可用木质板材（彩图3-7）或用砖混材料（彩图3-8）制作。目前，为节省成本和饲养方便，皮兽通常在不安小室的笼舍内饲养（彩图3-9）。常用的小室，内部结构分为产仔室、走廊和侧门（图3-1）。

木质小室的大小长60～70厘米，宽不小于50厘米，高45～50厘米；用砖混材料的小室可比木质小室稍大些。砖混结构的小室，底部应铺一层木板，以防阴凉、潮湿。小室顶部要设一活动的盖板（彩图3-10），以利于更换垫草、消毒及检查仔兽。小室正对狐笼的一面要留25厘米×25厘米的小门，以便和狐笼连为一体，便于母子进出。在小门下方做高出小室底5厘米的门槛，防止仔狐掉出室外，同时利于小室保温和铺放垫草。

小室用厚2.0厘米光滑木板（保温性能良好）制成。木板衔接处应尽量无缝隙，以防止漏风。此外，应在产箱门内设置一挡板，用于限制母兽在笼舍和小室内走动，方便母兽发情检测、仔兽检查等。小室也可采用砖混结构，其优点是造价低，隔音好，小室与笼舍的连接见图3-2。

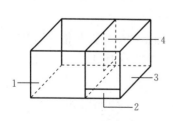

图3-1 小室内部结构
1. 产仔室 2. 门槛
3. 走廊 4. 小室侧门

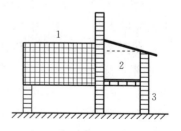

图3-2 地上式砖混结构小室
1. 笼舍 2. 小室 3. 砖柱

3. 笼舍设计和安装 要避免狐笼及小室内壁有铁丝头、钉尖、铁皮尖等露出笼舍平面，以防刮伤狐；狐笼底面离地面需留 60～80 厘米的距离，以便于清扫操作。使用食碗喂食的笼舍，在笼内应用粗号铁丝安装一个食碗架，以防狐把盛有饲料的食碗拖走或者弄翻，浪费饲料。水盒应挂在狐笼的前侧，既便于冲洗添水，又便于狐饮用。

二、辅助设施

（一）饲料贮藏室

饲料贮藏室大小依照饲养规模而定，通风与干燥是饲料贮藏室的基本要求，以防饲料霉变。贮藏室内地面和墙的四周用水泥抹光，窗户用铁丝网封严，以防止麻雀、老鼠等偷粮。

（二）冷冻贮藏室

冷冻贮藏室主要用于贮藏动物性饲料。冷冻贮藏室是大中型养狐场必备的功能设施之一。冷冻室内的温度应控制在 −15 ℃，以保证动物性饲料不腐败变质。冷冻室的大小根据养狐数量而定，如小型狐场可于背风阴凉的地方或地下修建简易冷藏室，可保证对饲料的短期保存。常用的方法有冰冻密封式土冰窖、半地下平顶式土冰窖、地下夹层式土冰窖和室内缸式土冰窖。

1. 冰冻密封式土冰窖 在北方寒冷季节里，将已冻好的鱼、肉饲料，在避风背阴处，逐日洒水结冰，直至冰层达 1 米厚时，在其上面覆盖 1 米厚的锯末屑、稻壳或其他隔热物质，最外层覆盖 30 厘米厚的泥土，用时挖开一角，取出饲料后用草帘盖严。这种贮藏方法，可供初春解冻后 2～3

个月使用。

2. 半地下平顶式土冰窖 侧壁分为地下和地上两部分。在地上的外墙壁和顶盖覆盖以 2 米泥土作为保温层。设 2 道间距 3 米的门，门下设有排水沟，于地面和内墙壁处堆放 50～100 厘米的冰块，将冰冻好的鱼、肉饲料分层放置其中，层间均加碎冰块。

3. 地下夹层式土冰窖 用砖或水泥建成方形或长方形的双层墙，间距 50 厘米，两层间隔的内侧墙壁，粘一层刷上沥青的油毡纸以防潮，间隔中间填上稻壳。库房地面按 3 层处理，底层是 50 厘米厚的细砂，中间层是 50 厘米厚的炉灰渣，上层是 10 厘米厚的水泥。顶盖 1 米厚的稻壳，外有防雨瓦盖。设门 2 道，间距 5 米，门下面有通向外面的流水管道，其出口伸入一个保持一定水位并低于库面的水池中，防止空气自管道进入库中，饲料和碎冰混合后送入库内。可保存 2 周时间。

4. 室内缸式土冰库 在室内放置数口水缸，缸距 30～50 厘米，用稻壳和锯末填充到接近缸口，将新鲜鱼、肉饲料和冰混合后放进缸里，缸口盖以绝缘隔热的盖，缸底开一孔，接上胶管或铁管，通向室外，使缸内融化出的水流出。此法可保存 5～7 天。

（三）饲料加工室

规模化养狐场，应配备饲料加工室。饲料加工室应设在狐舍附近。其规模应与养狐的数量相适应。如以饲养 300 只种狐计，一般为 30～40 米^2。室内地面和墙围用水泥抹光（水磨石地面更好），以便于清扫和防鼠。室内应配备下列设施。①洗涤用具：水池、水槽、缸、盆等；②熟制用具：烤炉、蒸箱、蒸煮炉、笼屉、锅炉等；③粉碎用具：破冰机、谷物粉碎机、骨骼粉碎机、绞肉机等；④分装饲料用具：秤、铁锹、桶、刀、勺、铁盘等。

(四) 毛皮加工室

在规划设计养狐场时，应设置一个具有一定面积的毛皮初加工车间。此外，应配备如下设备。

采用手工取皮方法时，应配备用木制材料制作的剥皮台、洗皮台和晾皮架等，用于取皮、剥皮、刮油、洗皮和晾皮。

当采用机械进行刮油、洗皮、烘干等操作时，需要配备刮油机、洗皮机、风干机和楦板等设备。洗皮机和楦板可自制。洗皮机包括转筒和转笼。转筒呈圆筒状，直径1米左右，用木板或铝板制成。筒壁上装一开关门，放、取皮张时用。将圆筒横卧于木架或角铁架上，一横轴连接电动机，用电力启动转筒，每分钟20转，每次可洗皮30～40张；转笼形状如转筒，但筒壁是用网眼直径为1.2～2厘米的铁丝网围成。将洗好的皮张放在转笼中，以甩净毛皮上所附的锯末。楦板是用以固定皮形，防止干燥后收缩和褶皱的工具。楦板用干燥的木材制作，其规格在国际市场上有统一标准。

除上述设备之外，去皮还需要挑裆刀、刮油刀、刮油棒、普通剪刀、线绳和锯末等。挑裆刀为长刃尖头刀，用于挑裆、挑尾及剥离耳、眼、鼻、口等部位的皮；刮油刀可用电工刀代替，用于手工刮油；刮油棒用木制材料制成，一头大一头小，圆柱形，长80～85厘米，用于套刮油的皮张。

（五）授精室

我国狐的配种通常采用人工授精方式，小养殖场为节省养殖成本将母狐送往输精站授精。因此，授精室应根据养狐场的需要建立。授精室应选择在一个 10～20 米^2 的密闭空间内，以便于进行消毒。输精室需配有输精台、液氮罐、采精和输精器具、显微镜、采精架、冰箱等仪器设备。

（六）其他功能室

1. 兽医室　负责狐场的卫生防疫和疾病诊治工作，应配有显微镜、冰箱、高压灭菌锅、离心机、恒温培养箱、无菌操作台、试剂架等仪器设备。

2. 消毒室　负责对外来人员进行接待和消毒工作，具备消毒器械（包括紫外灯）和消毒药品。

3. 焚尸炉或生物热坑　在养狐场的下风向并距离狐舍100 米以上的地方设焚尸炉或生物热坑。

为防止狐逃跑，应在狐棚的四周用土坯、砖石或竹木等材料设置高 1.5 米、内壁光滑的围墙。此外，养狐场还应根据狐场具体情况购置或制作一些常用器具，如串狐箱、种狐运输笼、捕捉网、狐钳、棉手套、食碗及清扫用具和消毒用具等。

第四章

狐繁育关键技术

一、公狐的生殖器官结构及功能

公狐的生殖器官由性腺（即睾丸）、输精管道（即附睾、输精管和尿生殖道）、副性腺（即前列腺和尿道球腺）和外生殖器官（即阴茎）组成（图4-1）。

1. 睾丸　狐的睾丸左右各一个，呈卵圆形，位于腹股沟区与肛门区之间的阴囊内，由曲细精管和间质细胞构成。睾丸的生理功能是生成精子和分泌雄性激素。在发情配种季节，睾丸的曲细精管内表皮生精上皮细胞可发育为精母细胞（精原细胞），

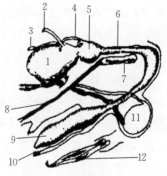

图4-1　公狐的生殖器官

1. 膀胱　2. 左输尿管　3. 右输尿管

4. 输精管　5. 前列腺　6. 尿道

7. 耻骨联合　8. 腹壁　9. 阴茎

10. 包皮　11. 睾丸　12. 阴茎骨

（引自白秀娟《简明养狐手册》，

中国农业大学出版社，2002）

再发育为精子细胞，最后发育成精子。精子生成后脱落到曲细精管腔中，再移行到附睾中储存。曲细精管的间质细胞，可分泌雄性激素——睾酮，它能促进雄性动物生殖器官的发育，并使雄性动物产生性欲，出现发情、求偶征候。

狐睾丸的体积和重量呈明显的季节性变化。5—8月处于静止状态，重量仅为1.2~2克，直径5~10毫米，质地硬而无弹性，精原细胞不能产生成熟精子，阴囊布满被毛并贴于腹侧，外观不明显。8月末至9月初，睾丸开始发育，但发育速度缓慢。11月以后发育速度开始加快，12月底睾丸体积明显增大。翌年1月时的重量达3.7~4.3克，富有弹性，此时已有成熟的精子产生，但此时尚不能配种，因前列腺的发育较睾丸推迟。2月时狐的睾丸直径可达到2.5厘米左右，重量达5克左右，质地松软、富有弹性，附睾中有成熟精子，此时阴囊被毛稀疏，明显可见，有性欲要求，可进行交配。3月底至4月上旬睾丸迅速萎缩，性欲也随之减退，至5月恢复至静止状态。

2. 附睾 狐的附睾为长管状，位于睾丸的上端外缘，分附睾头和附睾尾，附睾头与曲细精管相连，附睾尾与输精管相连。附睾是储存精子并使精子继续发育成熟的部位。

3. 输精管 狐的输精管左、右2根，前端接于附睾尾，沿精索的输精管褶上行经腹股沟管进入腹腔，后端开口于尿生殖道骨盆部的黏膜面，全长7~13厘米。输精管后部在膀胱颈部膨大，形成输精管壶腔。输精管是输送精子的管道，其壶腹部能临时储存精子，并分泌液体，构成精液的一部分。

4. 副性腺 狐的副性腺由前列腺、尿道球腺和壶腹腺组成。前列腺特别发达、结实，形如一对蚕豆，平均重为

3.28克。上端与膀胱相连，背侧上部为输精管的入口处，前列腺包围在尿道周围，以很多小孔直接开口于尿生殖道的起始部。尿道球腺小而坚实，位于骨盆部尿生殖道末端背侧、出盆腔附近。壶腹腺位于输精管壶腹部。副性腺有与睾丸类似的季节性变化。副性腺是分泌精清（精液中除去精子的液体）的部位。精清的作用是稀释精子，并使精子获能，还能润滑尿道，中和尿道酸性环境，以利于精子存活和被射出体外。

5. 外生殖器官 狐的阴茎细长，呈不规则圆柱状，长8～13厘米，由海绵体和阴茎骨构成，能把精液输送到母狐的阴道内，并能排尿。除交配外，阴茎基本缩在包皮内。海绵体长约7厘米，始部较粗大，由2个阴茎脚附着在坐骨之上，之后2个阴茎脚合成一体，表面包围致密组织构成的白膜。在阴茎约1/2处有2个球状海绵体。阴茎骨长6～9厘米，向背侧呈弧形弯曲，前端弧形较大。海绵体组织包裹着阴茎骨，当公狐性兴奋时，海绵体第1次充血，形成2叶较长的膨大体，使阴茎勃起，插入母狐阴道内；第2次充血时阴茎中部的球状体膨大，使阴茎紧锁在阴道内，出现"连裆"或"连锁"现象，直到射精完毕。

阴囊位于两股之间肛门下方，呈倒圆锥形，内容睾丸、附睾和部分精索。乏情期时布满被毛，贴于腹侧，外观不明显。繁殖期被毛稀疏，松弛下垂，易见。

二、母狐的生殖器官结构及功能

母狐的生殖器官由内生殖器官和外生殖器官组成，

内生殖器官包括卵巢、输卵管、子宫和阴道；外生殖器官包括尿生殖前庭、阴唇和阴蒂（图4-2）。

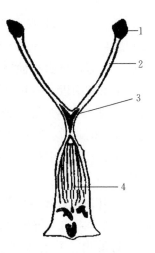

1. 卵巢 狐的卵巢位于第3和第4腰椎肋骨处，左侧卵巢比右侧卵巢稍靠前，呈扁平椭圆蚕豆状，灰红色，左右各1个。卵巢中心是皮质部，由间质细胞、卵母细胞（卵原细胞）和各种卵泡构成。卵巢体积的增大，主要是缘于滤泡（卵泡）的生长。发情期滤泡成熟，突出于卵巢表面，内有成熟卵子，卵子排出后滤泡闭锁，形成黄体。卵巢的生理功能是生成卵子，并分泌雌性

图4-2 母狐的生殖器官
1. 卵巢 2. 子宫
3. 子宫体 4. 阴道
（引自白秀娟《简明养狐手册》，中国农业大学出版社，2002）

激素和黄体素。雌性激素能刺激雌性动物产生性欲，出现发情求偶征候。黄体素能促进胚泡在子宫内着床，并维持妊娠。

狐的卵巢在夏季（6—8月）处于静止状态；8月末至10月中旬卵巢的体积逐渐增大，卵泡开始发育，黄体开始退化；到11月黄体消失，滤泡迅速增大；翌年1月卵巢长约为2厘米，宽约1.5厘米，母狐发情排卵。子宫和阴道也随卵巢的发育而变化。

2. 输卵管 是长2~4厘米的细长小管。其前端膨大呈伞状，后端与子宫角末端连接，有8~10个弯曲，蜷曲在卵巢上。输卵管是卵子排出的通道，同时也是精子和卵子结合受精的部位。

3. 子宫 为双角子宫，分为子宫角、子宫体和子宫颈三部分，位于盆腔内，直肠腹侧，膀胱背侧。子宫角和子宫体由子宫阔韧带吊在腰下部和骨盆的两侧壁上。子宫角前端较薄，与输卵管相连，长 7.5～8.5 厘米，直径 3～5 厘米，后部较厚，两角汇合成子宫体，与子宫体呈 Y 状。子宫体呈圆筒状，长 1.4～1.5 厘米，直径 1.2～1.5 厘米。子宫颈长 0.6～0.9 厘米，直径 0.5～0.9 厘米，向后突入阴道，形成子宫颈阴道部。子宫是胎儿发育的温床，在夏、秋空怀季节，子宫呈细小的管状，妊娠后子宫壁逐渐增厚，子宫体积增大，同时卵巢分泌性激素，促进子宫膜发育及胚胎的植入和发育；至临产前子宫可充满腹腔，使腹围增大。

4. 阴道 狐的阴道呈扁圆筒状，长 4.5～5.0 厘米，两端略宽，中部较狭窄。阴道黏膜上有许多纵行褶皱，前端与子宫颈相连形成横状结构，成为阴道穹隆，肥厚坚硬的黏膜可在交配时将公狐的龟头钳制于此。阴道后部皱褶密而高，形成三角形隆起，尖端向外并覆盖尿道外口。阴道也是胎儿产出的通道。

5. 外生殖器官 母狐的外生殖器官包括尿生殖前庭、阴唇和阴蒂。生殖前庭呈扁管状，长 1.4～1.5 厘米，前端以阴瓣与阴道为界，后端以阴门与外界相通。前庭有 2 个发达的球状突起，在交配时受刺激而剧烈收缩，与公狐阴茎中部的球状海绵体共同作用而形成"连锁"。阴门位于肛门腹侧，上圆下尖，阴唇周围有稀疏细毛。阴蒂发达但表面露出很少。母狐的外生殖器官在静止期凹入体内，外观不明显，外覆阴毛；发情期时，外观形态上有一系列明显变化，是母狐发情鉴定的重要依据。

一、季节性繁殖

狐属于季节性单次发情动物，一年只在春季表现出发情、交配、排卵、射精、受孕等性行为。银黑狐和赤狐交配期在1—2月，妊娠期52天（49～52天），胎产仔3～8只；北极狐发情季节在2月上旬至5月上旬，4—6月产仔。在性周期里，狐的生殖器官受光照影响而出现明显的季节性变化。据研究，光周期之所以能够影响狐的繁殖周期主要是由于影响其体内松果腺褪黑素节律，从而影响狐的生殖内分泌调节。因此，可以通过人工控制光照改变狐的繁殖周期，如从8月20日开始每天给48只母北极狐、12只公北极狐和12只公银黑狐进行5小时光照、19小时黑暗，120天后改为16小时光照、8小时黑暗，结果银黑狐的精子生成提前1个月，而北极狐精子生成提前2个月，北极狐的发情期也有所提前。Kuznetsol应用控光技术使北极狐1年繁殖2胎，充分证明了光周期在狐季节性繁殖中的重要作用。

二、性成熟

幼狐长到9～11月龄，生殖器官生长发育基本完成，睾丸和卵巢开始产生具有生殖能力的性细胞（精子和卵子）并分泌性激素，即达到性成熟。狐的性成熟期受遗传、营养、健康等许多因素的影响。一般情况下，个体间有所差异，公狐比母狐稍早。野生狐或由国外引入的狐，无论是初情狐还是经产狐，引进当年多半发情较晚，繁殖力较低。这是由于引种后还没有适应当地笼养环境及饲养管理条件所致，并非性成熟迟缓。出生晚的幼狐约有 20％到翌年繁殖季节不能发情，青年母北极狐发情率为 65％。

三、初情期

初情期是指出生后的幼狐发育到一定阶段（9～11 月龄），初次表现发情排卵的年龄。此时母狐虽有发情表现，但往往不是完全发情。表现出发情周期不正常，有时卵巢有排卵的现象，但外部没有发情表现，常常表现为安静发情，而且生殖器官仍处于继续生长发育中。

一般母狐适配年龄为 12～14 月龄。母狐适配年龄应根据其生长发育情况而定，不宜一概而论。一般要比性成熟的时间稍晚些，比体成熟时间早，应当在性成熟到达时再过 2 个发情周期后进行配种。

四、排卵

狐是自发性排卵动物。一般银黑狐的排卵发生在发情后的第 1 天下午或第 2 天早上，北极狐在发情后的第 2 天。所有滤泡并不是同时成熟和排卵，最初和最后一次排卵的间隔时间，银黑狐为 3 天，北极狐为 5～7 天。

排卵后，卵子迅速运行到输卵管中。母狐的卵细胞被放射冠所包围，但没有极体形成，这与其他动物不同。大多数哺乳动物的卵第一次减数分裂发生在滤泡里，但母狐的卵细胞第一次减数分裂的纺锤体，在到达输卵管 1/3 处之前不能看到。

五、受精

公母狐交配后精子和卵子结合形成受精卵的过程称之为受精。精子在母狐生殖道中约存活 24 小时。据报道，发情的第 1 天只有 13％的母狐排卵，发情的第 2 天 47％，第 3 天 30％，第 4 天 7％。若想提高母狐的受胎率，最好是在母狐发情的第 2～3 天连续交配或人工输精。据对 560 只母狐的试验，交配仅 1 次时，空怀率达到 30.9％；初配后第 2 天复配，空怀率降到 14.7％；当再次连续复配（交配 3 次）时，空怀率降到 4.3％。

配种后的 2～4 天，输卵管内的胚胎是单细胞；4～6 天时是 1～4 细胞；6～8 天到达子宫内时，胚胎处于桑葚胚时期；交配后的 13～15 天，桑葚胚发育为囊胚。平均经过 51～52 天，胎儿长足产出。

第三节　狐的选种与选配

一、选种要求

选种是指选择优良的个体留作种用，淘汰不良个体，积累和创造优异的性状变异的过程。选种是育种工作中必不可少的环节。选种包括对质量性状的选择和数量性状的选择。

1. 狐的质量性状选择　应以个体的表现型为基础进行选择。例如，根据亲代和子代毛色的表现型判断其基因型，从而进行有效的选择；而对一些有害的隐性基因，如脑水肿、先天性后肢瘫痪、不育症等，也根据子代的表现型，对亲代进行有效的选择。

2. 狐的数量性状选择　应选择遗传力较高的数量性状，如体重、体长、毛绒粗细度、毛长等。选种可以使这些性状在育种上取得明显的效果。而产仔率、泌乳力、产仔数等繁殖性状遗传力低，所以改良效果较小。

据调查，有些饲养场的种狐群存在毛色逐年退化、个体变小的现象，这并不一定是对环境的不适应或饲养管理不当，而大多是由于放松了选种工作而造成的后果。目前，不少养狐场选留种狐时，以繁殖力高的狐为主要选种依据。仅以顺利交配、少空怀多产仔为原则，忽视了毛绒品质这一重要经济性状。

要做好选种工作，必须有明确的育种目标，即通过选种达到什么目的、解决什么问题等。总而言之，狐的选种不外乎达到体型大、毛皮质量好、适应性强、繁殖性能好的优良狐群。在总的目标下，还可以拟定具体指标，如外貌特征、毛色、毛绒品质、生长发育（包括初生重、断乳重和成年重）等。

二、选种标准

种狐的选种以个体品质鉴定、谱系鉴定、同胞测定和后裔测定等综合指标为依据。

（一）个体品质鉴定

1. 毛绒品质鉴定　以银黑狐为例，其毛绒品质鉴定的主要指标包括以下 7 个方面。

（1）银毛率　即银黑狐全身的银色毛所占面积的比例。银色毛的分布由尾根至耳根为 100%，由尾根至肩部为 75%，尾根至耳之间的 1/2 为 50%，尾根至耳间的 1/4 为 25%。种狐的银毛率应达到 75%～100%。

（2）银色强度　按照银色毛分布的量和银毛上端白色部分（银环）的宽度来衡量，可分为大、中、小三类。银环越宽，银色强度越大，银色毛越明显。种狐以银色强度大为宜。

（3）银环颜色　分为纯白色、白垩色、微黄或浅褐 3 种类型。其宽度可分为宽（10～15 毫米）、中（6～10 毫米）和窄（6 毫米以下）三类。种狐银环颜色要纯白而宽，但宽度不应超过 15 毫米。

（4）"雾"　是指针毛的黑色毛尖露在银环之上，使银黑狐的毛被形成类似于雾的状态。如果黑色毛尖很小，称"轻雾"；如果银环窄，并且其位置很低，称"重雾"。种狐以"雾"正常为宜，轻或重均不理想。

（5）黑带　是指在脊背上针毛的黑毛尖和黑色定型毛形成的黑色条带。有时这种黑带虽然不明显，但用手从侧面往背脊轻微滑动，就可看清。种狐以黑带明显为宜。

（6）尾　按形状可分为宽圆柱形和圆锥形。尾端的白色部分有大（大于 8 厘米）、中（4～8 厘米）、小（小于 4 厘米）之分。种狐尾以宽圆柱形、尾端纯白而宽为宜。

（7）针、绒毛　长度要求正常，即针毛长 50～70 毫米，绒毛长 20～40 毫米；密度以稠密为宜；毛要有弹性，无缠结；针毛细度为 50～80 微米，绒毛细度 20～30 微米。

北极狐则要求毛绒浅蓝，针毛平齐，长度 40 毫米左右，细度 54～55 微米；绒毛色正，长度 25 毫米左右，密度适中，不宜带褐色或白色，尾部毛绒颜色与全身毛色一致，没有褐斑，毛绒密度大，有弹性，绒毛无缠结。

银黑狐和北极狐毛绒品质等级鉴定标准见表4-1和表4-2。种狐的品质鉴定分育成幼狐和成年狐分别进行。留种原则，公狐应达到一级，母狐应达二级以上。

2. 体型鉴定 狐的外部形态是其内部生理机能、解剖构造的表现，因此，只有善于对狐体各部位结构的优缺点进行鉴定，才能了解体质的结实程度、生长发育和健康状况，也可作为进行育种工作的基础，狐体各部位见图4-3。

图4-3 狐体

1. 颅部 2. 面部 3. 颈部 4. 鬐甲部 5. 背部 6. 肋部 7. 胸骨部 8. 腰部 9. 腹部 10. 荐臀部 11. 股部 12. 小腿部 13. 跗部 14. 跖部 15. 趾部 16. 肩胛部 17. 臂部 18. 前臂部 19. 腕部 20. 掌部 21. 指部 22. 尾部

（引自朴厚坤等《实用养狐技术》第二版，中国农业出版社，2002）

表4-1 银黑狐毛绒品质鉴定标准

（引自朴厚坤等《实用养狐技术》第二版，中国农业出版社，2002）

项　目	一　级	二　级	三　级
综合印象	优秀	良好	一般
银毛率（%）	75～100	50～75	25～50
银环颜色	珍珠白色	白色	微黄

项　目	一　级	二　级	三　级
健康状况	优	良	一般
银色强度	大	中等	小
银环宽度（厘米）	10～15	6～10	小于 6 或大于 15
"雾"	正常	重	轻
尾的毛色	黑色	阴暗	暗褐色
尾端白色大小（厘米）	大于 8	4～8	小于 4
尾末端形状	宽圆柱形	中等圆柱形或粗圆锥形	窄圆锥形
躯干绒毛颜色	浅蓝色	深灰色	灰色或微灰色
背带	良好	微弱	没有

表 4-2　北极狐毛绒品质鉴定标准

（引自朴厚坤等《实用养狐技术》第二版，中国农业出版社，2002）

项　目	一　级	二　级	三　级
综合印象	优秀	良好	一般
躯干和尾部毛色	浅蓝	蓝色及带褐色	褐色或带白色
光泽强度	大	中等	微弱
针毛长度	正常、平齐	很长、不太平齐	短、不平齐
毛绒密度	稍密	不很稠密	稀少
毛弹性	有弹性	软柔	粗糙
绒毛缠结	无	轻微	全身都有

　　狐的体型鉴定一般采用目测和称重相结合的方式进行。种狐的体重，银黑狐 5～6 千克；体长公狐 68 厘米以上，母狐 65 厘米以上。北极狐体重，公狐大于 7.5 千克，母狐大于 6.7 千克；体长，公狐大于 70 厘米，母狐大于 65 厘米。

　　此外，除进行体型鉴定外，还要注意对狐如下几个外貌部位的观察鉴定。

　　（1）头　大小应和体躯的长短相适应，头大体躯小或头小体躯大都不符合要求。

（2）鼻与口腔　鼻孔轮廓明显，鼻孔大，黏膜呈粉红色，鼻镜湿润，无鼻液。口腔黏膜无溃疡，下颌无流涎。

（3）眼和耳　注意观察结膜是否充血，角膜是否混浊，是否流泪或有脓液分泌物等。眼睛要圆大明亮，活泼有神；耳直立稍倾向两侧，耳内无黄褐色积垢。

（4）颈　要求颈和躯干相协调，并附有发达的肌肉。

（5）胸　要求胸深而宽。胸的宽窄是全身肌肉发育程度的重要标志，窄胸是发育不良和体质弱的表现。

（6）背腰和臀部　要求背腰长而宽，直；凸背、凹背都不理想；用手触摸脊椎骨时，以脊椎骨略能分辨，但又不十分清楚为宜。臀部长而宽圆，母狐要求臀部发达。

（7）腹部　前部应与胸下缘在同一水平线上，在靠近腰的部分应稍向上弯曲，乳头正常。银黑狐乳头3对以上，北极狐6对以上。

（8）四肢　前肢粗壮、伸屈灵活，后肢长，肌肉发达、紧凑。

（9）生殖器官　公狐睾丸大、有弹力，两侧对称，隐睾或单睾都不能作种用。母狐阴部无炎症。

3. 繁殖力鉴定

（1）成年公狐　睾丸发育良好，交配早，性欲旺盛，配种能力强，性情温驯，无恶癖，择偶性不强。配种次数8～10次，精液品质良好，受配母狐产仔率高，胎产多，年龄2～5岁。

（2）成年母狐　发情早，不迟于3月中旬，性情温驯；产仔多，银黑狐4只以上，北极狐7只以上；母性强，泌乳能力好。凡是生殖器官畸形、发情晚、母性不强、缺乳、爱剩食、自咬或患慢性胃肠炎或其他慢性疾病的母狐，一律不能留作种用。

（3）幼狐　应选双亲体况健壮、胎产银黑狐 4 只以上、北极狐 7 只以上者；银黑狐在 4 月 20 日以前，北极狐在 5 月 25 日以前出生，发育需正常。

（二）谱系鉴定

详细考察种狐个体间的血缘关系。将 3 代祖先范围内有血缘关系的个体归在一个亲属群内。分清亲属个体的主要特征，如毛绒品质、体型、繁殖力等，对几项指标进行审查和比较，查出优良个体，并在后代中留种。

（三）后裔鉴定

根据后裔的生产性能考察种狐的品质、遗传性能和种用价值。后裔生产性能的比较方法有后裔与亲代之间、不同后裔之间、后裔与全群平均生产指标比较等 3 种。因此，平时应做好公母狐的登记，作为选种、选配的重要依据。种狐登记卡格式见表 4-3 和表 4-4。

表 4-3　种母狐登记卡

兽号：	体重（克）：		体长（厘米）：		毛绒品质：		产仔数（只）：
色型：	同窝仔兽（只）：			出生日期：		评定：优、良、中	
母：				父：			
外祖母：	外祖父：			祖母：		祖父：	
繁殖性能							

年度	公兽号	配种日期		产仔			产仔成活数	后裔评定		
		初配	结束	日期	活仔	死胎		优	良	中

表 4 - 4　种公狐登记卡

兽号：	体重（克）：	体长（厘米）：		毛绒品质：		配种能力：
色型：	同窝仔兽（只）：			出生日期：		评定：优、良、中
母：				父：		
外祖母：	外祖父：			祖母：		祖父：
繁殖性能						

年度	受配母狐号	配种次数	配种日期		受配母狐胎产仔数	后裔评定		
			初配	结束		优	良	中

三、基础种狐群的建立

种狐的年龄组成对生产有一定的影响，如果当年幼狐留得过多，不仅公狐利用率低，而且母狐发情晚，不集中，配种期推迟。

在一个繁殖季节里，种公狐参加配种的数量与种公狐总数之比称为种公狐的配种率。实践证明，种公狐各个年龄间的配种率差异显著。其中，3～4岁龄的配种率最高，2岁龄次之，最低的是1岁龄狐。因此，在留种时一定要注意种公狐的年龄结构。如果1岁龄种公狐比例过大，由于配种能力差，就会造成发情母狐失配的现象。

基础种狐群合理的年龄结构是稳产、高产的前提。较理想的种狐年龄结构是当年幼狐占25%，2岁龄狐占35%，3岁龄狐占30%，4～5岁龄狐占10%。公母比例以1∶3或1∶3.5为宜。

据汪学宝对种公狐（北极狐）年龄（X）与其平均配种次数（Y）的分析，建立直线回归方程为：$Y = 0.345\,1 +$

2.492X（1$\leqslant$$X$$\leqslant$4）。如果计算出所留种公狐的平均年龄，就可以预测出每只种公狐当年参加配种的次数。

四、性状选择方法

1. 个体选择法　适用于遗传力较高的性状，完全根据个体的表型值来选择。体重、体长、毛绒密度和长度、毛色深浅度等性状，在个体之间表现型的差异主要由遗传上的差异所致。因此，采取个体选择法就能获得好的选择效果。

2. 家系选择法　以整个家系作为一个单位，根据家系的平均表现型值进行选择。适用于遗传力较低性状的选择，如繁殖力、泌乳力、成活率等。在育种工作中，广泛采用全同胞、半同胞测验进行家系选择。一般采用 5 只以上的全同胞和 30 只以上的半同胞，测验效果才能比较可靠。

3. 综合评分法　同时选择几个性状，按每个性状的遗传力和经济意义将各性状的评分数相加，求得选择总评分，然后按总分高低进行选择。此法既可以同时选择几个性状，又可以突出选择重点，而且还能把某些重要性状，即特别优良的个体选择出来，育种效果较好。

五、选种方法

选种是饲养场的一项常年性工作，生产中每年至少进行 3 次选择，即初选、复选和终选 3 个阶段。

1. 初选　在 5—6 月进行。成年公狐配种结束后，根据配种能力、精液品质、所配母狐产仔数量、健康状况和体况恢复情况进行初选。成年母狐断奶后，按繁殖力、泌乳力、母性等进行初选。当年幼狐在断奶后分窝时，根据同窝仔狐数及生长发育情况、出生早晚等，也进行一次初选。该阶段，凡是符合选种条件的成年狐全部留种，幼狐应比计划数多留 30%～40%。

2. 复选　在 9—10 月进行。根据狐的个体脱换毛速度、生长发育、体况恢复等情况，在初选的基础上进行复选。这时应比计划数多留 20%～30%，为终选打好基础。

3. 终选　一般在 11—12 月进行。根据毛被品质和半年来的实际观察记录进行严格选种。主要是淘汰不理想的个体，最终落实组成留种狐群。种狐留种的原则是公狐应达一级，母狐应达二级以上。银黑狐和北极狐凡体型小或畸形者，银黑狐 7 年以上，北极狐 6 年以上的不宜留种；营养不良、经常患病、食欲不振、换毛推迟者也要淘汰。

六、选配

选配是为了获得优良后代而选择和确定种狐个体间交配关系的过程。选配是选种工作的继续，目的是在后代中巩固和提高双亲的优良品质，获得新的有益性状。选配对繁殖力和后代品质有着重要影响，是育种工作中必不可少的重要环节。

（一）品质选配

1. 同质选配　是选择优点相同的公母狐交配，目的在于巩固并提高双亲所具有的优良特征。同质选配时，在主要性状上，公狐的表型值不能低于母狐的表型值。公狐的毛绒品质，特别是毛色一定要优于母狐，毛绒品质差的公狐不能与毛绒品质好的母狐交配。同质选配常用于纯种繁育及核心群的选育提高。

2. 异质选配 是选择具有不同优良性状的个体交配，以期在后代中用一方亲本的优点去改良另一方亲本的缺点，或者结合双亲的优良性状，创造新的优良类型。

例如，用一只体型小的狐，与其他性状同样优秀、体型大的个体交配，目的是使后代体型有所增大，这属于同质选配；再如，选用毛绒密度好的狐与被毛平齐的狐相配，期望得到毛绒丰厚、被毛平齐的后代，这属于异质选配。异质选配常用于杂交选育。

（二）体型选配

体型选配应以大型公狐与大或中型母狐交配，不应采用大公狐配小母狐、小公狐配大母狐，以及小公狐配小母狐等做法。在生产中可采用群体选配，其方法是把优点相同的母狐归类在一起，选几只适宜的公狐，共同组成一个选配群，在群内可采用随机交配。种狐年龄对选配效果有一定的影响，一般 2～4 岁种狐遗传性能稳定，生产效果也较好。通常以幼公狐配成母狐或成公狐配幼母狐、成公狐配成母狐生产效果较好。大型养狐场在配种前应编制出选配计划，并建立育种核心群。小型场或专业户，每 3～4 年应更换种狐一次，以更新血缘。

（三）亲缘选配

亲缘选配是考虑交配双方亲缘关系远近的一种选配，如双方有较近的亲缘关系就叫近亲交配，简称近交；反之，叫非亲缘交配，更确切的称为远亲交配，即远交。在生产实践中为防止因近亲交配而出现繁殖力降低、后代生命力弱、体型小、死亡率高等现象，一般不采用近亲交配。但在育种过程中，为了使优良性状固定，去掉有害基因，必要时也常采用近亲选配的方式。

（四）种群选配

种群选配是考虑互配个体所隶属的种群特性和配种关系的一种选配方式，即确定选用相同种属的个体互配，还是选用不同种属的个体交配，以更好地组织后代的遗传基础，塑造出更符合人们理想要求的个体或狐群，或充分利用杂交优势。种群选配可分为纯种繁育与杂交繁育。

1. 纯种繁育　也称为本品种选育，一般指在本品种内部，通过选种选配和品系繁育手段，改善本品种结构，以提高该品种性能的一种方法。它的含义较广，应用时也比较灵活。

目前，我国饲养的狐多数是从国外引进的品种，其生产性能已达到很高的程度，体质和毛色也比较一致，选配的目的是要保持和发展本品种原有的独特优点和特有的性能，克服本品种缺点。选配是要严格控制近交程度，避免出现近交衰退，同时加强饲养管理，使该品种的生产性能充分发挥出来。

2. 杂交繁育　就是通过2个或2个以上品种公母狐的交配，丰富和扩大群体的遗传基础，再加以定向选择和培育，经过若干代选育后，就可达到预定目标，形成新的品种。

参加杂交的品种要具有生产性能好、抗病力强、体型大等优点。为使杂交后代获得的优良性状及特点得到巩固和发展，必须保证杂交后代的饲养水平一致，严格按照选种指标选种。当杂种后代各项指标达到要求时，及时进行性状固定工作。

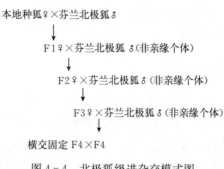

本地种狐♀×芬兰北极狐♂

↓

F1♀×芬兰北极狐♂(非亲缘个体)

↓

F2♀×芬兰北极狐♂(非亲缘个体)

↓

F3♀×芬兰北极狐♂(非亲缘个体)

↓

横交固定 F4×F4

图4-4　北极狐级进杂交模式图

近年来，我国由芬兰、美国等地引入良种北极狐改良和提高国内本地品种已取得显著效果，尤其是杂交一代的杂交优势明显，用芬兰北极狐杂交改良本地北极狐，杂交后代生产性能明显高于本地北极狐，成年狐体重均达到9.7千克，体长平均达到95厘米以上。其杂交模式见图4-4。

这种杂交必须级进到第4代至第5代，在体型和毛皮质量方面接近原种时，才能横交，固定过早的横交扩群只能使杂交改良前功尽弃。杂交4代之内的狐只能作商品狐，不能作种狐出售。

（五）狐属与北极狐属间的杂交选择

近年来，狐属与北极狐属之间的杂交，在养狐生产中越来越引起人们的重视。主要是其杂交后代的毛绒品质均好于双亲，它克服了银黑狐针毛长而粗，北极狐针毛短、细、绒毛易缠结等缺陷。杂种狐皮绒毛丰厚，针毛平齐，色泽艳丽，具有更高的商品价值。

属间杂种狐的生产，多半采用人工授精的方式进行。采用狐属的彩狐作为父本，北极狐属的彩狐作母本进行人工授精。反交时，繁殖力低。属间杂交子1代杂种狐无繁殖能力，只能取皮。

1. 赤狐与北极狐或彩色北极狐之间的杂交 赤狐与浅蓝色北极狐杂交，后代100％蓝霜狐；赤狐与白色北极狐杂交，后代100％金岛狐；赤狐与影狐杂交，后代50％影狐，50％蓝霜狐。

2. 银黑狐与北极狐或彩色北极狐的杂交 银黑狐与浅蓝色北极狐杂交，后代25％蓝霜狐，75％银黑狐；银黑狐与白色北极狐杂交，后代100％金岛狐；银黑狐与影狐杂交，后代50％银影狐，50％银北极狐；阿拉斯加银黑狐与白色北极狐杂交，后代100％北方白狐。

3. 狐属彩狐与北极狐属彩狐之间杂交 铂色狐与浅蓝色北极狐杂交，后代50％白金蓝银狐，50％蓝银狐；铂色狐与白色北极狐杂交，后代50％铂色北极狐，50％金岛狐或北方白狐；白金狐与影狐杂交，后代25％影铂色狐，25％铂色银狐，25％影银狐，25％蓝银狐；金黄十字狐与白色北极狐杂交，后代50％金岛狐，50％北方白狐。

在彩色狐的育种工作中，铂色狐占有重要地位。用铂色狐与其他狐种之间杂交时，可产生许多种新色型狐，如铂色狐×金黄狐→25％金黄铂色狐＋25％赤狐或金黄狐＋25％银黑狐。

彩色狐的培育途径，常采取铂色狐与北极狐之间的杂交方法或北极狐与赤狐之间的杂交。有时用人工授精技术进行不同属间或种间杂交。狐的色型差别很大，有时颜色上的微小差别，却表现出很大的差价，这给狐的育种及选种带来一定困难。

第四节　狐的发情鉴定与配种

一、发情鉴定

（一）公狐的发情鉴定

公狐的发情鉴定比较简单，进入发情期的公银黑狐表现活泼好动，采食量有所下降，排尿次数增多，尿中"狐香"味浓，对放进同一笼的母狐表现出较大兴趣。公北极狐的发情表现与银黑狐相似，采食量减少，趋向异性，对母狐较为接近，时常扒笼观望邻笼的母狐，并发出"咕咕"的叫声，有急躁表现。

当把发情较好的公狐放入母狐笼中，公狐会对母狐表现出极大的兴趣，除频频向笼侧排尿外，常与母狐嬉戏玩耍；触摸其睾丸可发现，阴囊无毛或少毛，睾丸具有弹性；如果用按摩法采精，可采出成熟精子。

（二）母狐的发情鉴定

银黑狐母狐发情延续5～10天，北极狐为9～14天。但真正接受配种的发情旺期较短，银黑狐持续仅2～3天，北极狐4～5天。

发情期母狐的生殖器官发生明显变化。在生产实践中，主要根据母狐行为表现、外阴部变化、阴道分泌物涂片镜检（图4-5）及试配观察，或借助于发情探测器进行发情鉴定。狐的发情期可分为发情前期、发情期和发情后期3个阶段。

1. 发情前期 母狐坐卧不安，在笼内游走，开始有性兴奋的表现；外阴部稍微肿胀；阴道涂片见白细胞占优势，少见有核上皮细胞；测情器数值银黑狐一般150左右，北极狐200左右。银黑狐的发情前期可持续2～3天，北极狐3～4天，个别母狐延续5～7天。

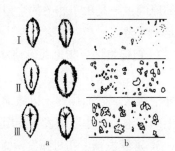

图4-5 外阴部变化及阴道涂片
I. 发情前期 II. 发情期 III. 发情后期
a. 阴门的变化 b. 阴道分泌物的变化

2. 发情期 母狐愿与公狐接近，公母狐在一起玩耍时，母狐温驯；外阴部高度肿胀，几乎呈圆形，阴唇外翻，有黏液流出，阴蒂外露、呈粉红色、富有弹性；阴道涂片可见角质化无核细胞占多数；测情器数值，银黑狐200～500，北极狐300～800。公狐表现也相当活跃、兴奋，频频排尿，不断爬胯母狐，经过几次爬胯后，母狐把尾翘向一边，安静地站立等候交配。银黑狐的发情期持续2～3天，北极狐持续4～5天。

3. 发情后期 母狐表现出戒备状态，拒绝交配；外阴部开始萎缩，弹性消失，外阴部颜色变深呈紫色，且上部出现轻微皱褶；阴道涂片又出现有核细胞和白细胞；测情器数值较上一时期明显下降。

（三）母狐的异常发情

1. 隐性发情（安静发情） 指母狐缺乏行为上的发情表现，但卵巢上却有卵泡生长发育、成熟和排卵。引起隐性发情的原因主要是由于相关的生殖激素分泌不平衡（如分泌量不足）所致。

2. 短促发情 指母狐发情期持续的时间过短（0.5天），以至于不注意密切观察就会错过配种时机。其原因是发育着的卵泡很快成熟而排卵，以致缩短了发情持续时间；或是卵巢上的卵泡发育中断或发育受阻。

3. 延续发情 指母狐发情时间持续过长，是由于母狐体内促性腺激素分泌不足而造成卵巢上的卵泡交替发育所致。

4. 不发情 母狐在繁殖季节里不发情，主要是因营养不良、患某种严重的全身性疾病使卵巢没有发育，或是环境突变所致。

二、配种

（一）配种日期

狐的配种日期依地区、气候、日照及饲养管理等条件而有所不同（表4-5）。我国东北地区银黑狐的配种期为1月下旬至3月下旬，北极狐是2月下旬至4月下旬。由国外引进的北极狐，当年配种期比自繁狐推迟10~20天，但呈逐年提前的趋势，一般经过3年后配种期基本稳定。

表4-5 狐的配种日期调查

场 别	银黑狐		北极狐	
	配种日期	年 度	配种日期	年 度
横道河子	1月30日至4月2日	1961	3月24日至4月30日	1961
泰康	2月2日至3月2日	1961	3月2日至4月1日	1961
哈尔滨	2月21日至4月21日	1983	2月26日至4月20日	1960

场　别	银黑狐		北极狐	
	配种日期	年　度	配种日期	年　度
左家	1月26日至3月24日	1960	2月21日至4月2日	1960
金州	1月31日至4月5日	1985	2月18日至4月30日	1985
山东胶南	1月20日至3月5日	1988	2月25日至5月1日	1989

（二）配种方法

狐的配种方法包括自然交配和人工授精两种。

1. 自然交配　狐的自然交配分为合笼饲养交配和人工放对配种两种。

合笼饲养交配是指在整个配种季节内，将选好的公、母狐放在同一笼内饲养，任其自由交配。此方法国内外均有采用，优点是节约人力，工作量小；缺点是使用种公狐较多，造成公狐饲养成本增加，且不易掌握母狐预产期，平时也无法掌握种公狐的配种能力，更不能检验精液的品质。目前国内已经不用，有些大场也只在配种后期，对不发情或放对不接受交配的母狐采用此法。

人工放对配种是将公、母狐隔离饲养，在母狐发情旺期，把公、母狐放到一起进行交配，交配后将公、母狐分开。一般采用连日或隔日复配，银黑狐复配1～2次，北极狐复配2～3次。国内养狐场基本都采用此种方法。人工放对时，一般将母狐放到公狐笼内交配较好，因为如果将公狐放到母狐笼里，公狐要花费很长时间去熟悉周围环境，然后才能交配。如果母狐胆小，就应将配种能力强的公狐放到母狐笼内交配。据观察，早晨、傍晚和凉爽天气公狐比较活跃，是放对配种的最好时间。中午和气温高的天气，狐则表现懒惰，交配不易成功。

精液品质，直接影响到母狐的繁殖效果。应及时检查和发现精液品质不良的公狐。检查时，使用直径 0.8～1.0 厘米、长约 15 厘米的吸管轻轻插入刚配完的母狐阴道内 5～7 厘米处，吸取少量精液，涂在载玻片上，置于 200 倍显微镜下观察（室温应 20 ℃以上）。镜检时先确定视野中有无精子，然后再观察精子的活力、形状和密度。经 2～3 次检查后，精液品质仍差的公狐不允许再参加配种，已交配过的母狐更换公狐补配。

2. 人工授精　是用器械或其他人为方法采取公狐的精液，再用器械将精液输入已发情的母狐子宫内，以代替公母狐自然交配的方法。人工授精是近年来在养狐业中广泛应用的一项新技术，对改良和提高我国地产狐的种群质量和毛皮质量起到了极大的促进作用。具体方法详见本章第六节"狐的人工授精技术"。

（三）交配行为

当发情的公、母狐放进同一笼内时，一般公狐主动接近母狐，嗅闻母狐的外阴部，此后公、母狐相互嗅闻，公狐则向笼内四周频频排尿，然后与母狐嬉戏玩耍；经过一段时间的玩耍后，发情的母狐表现温驯，站立不动，将尾巴翘向一侧，静候交配。此时，公狐经过求偶阶段，有了较强的性冲动，阴茎勃起，并稍突出于包皮之外，经常抬起前肢爬胯，经过多次爬胯后阴茎插入阴道达成交配。公狐是断续性多次射精，臀部不断颤抖，射精后立即从母狐身上转身滑下，背向母狐，出现"连锁"现象，短者几分钟，长者达 2 小时，通常为 20～40 分钟。

交配时，公狐阴茎出现两次充血，第一次充血使阴茎勃起插入母狐阴道；第二次充血时刺激母狐阴道前庭的两球状体膨大，使阴茎锁紧在阴道内，即出现连锁现象，直到射精完毕。交配时间对母狐产仔无显著影响，但不允许将连着的狐强迫分开，因为"连锁"时射精仍在继续，强行分开不仅影响母狐的受孕率，还可能损伤公狐阴茎。

交配结束后，公、母狐各自舔舐自己的外阴部并饮水，这时公狐对母狐失去兴趣，母狐虽然扔向公狐摇头摆尾，但公狐窝在笼内一角，不理睬母狐。

（四）配种驯化

初次参加配种的公、母狐没有配种经验，应进行配种驯化。小公狐初次参加配种时，一般表现胆小，可以放到已配种的临近笼舍里，使其见习配种过程，然后再将其放到已初配过的母狐笼内，诱导其交配。对性欲旺盛的小公狐，可以选择性情旺盛、发情好的老母狐与其交配，或公母狐合养，进行异性刺激，以促进小公狐尽快完成初配。小公狐初放对时，要防止被母狐咬伤，否则会导致小公狐的性抑制。也可以将小公狐与小母狐合笼进行异性刺激，对训练小公狐参加配种效果也较好，但所需时间较长。训练小公狐一定要有耐心，只要看到小公狐爬胯，或后躯颤抖等动作出现，就要坚持训练。完成初配的小公狐为了巩固其交配能力，第 2 天或隔天还要令其与母狐进行交配。初配母狐第 1 次参加配种时，最好选用已参加过配种的公狐。

（五）配种时的注意事项

1. 择偶性 狐和其他动物一样，公母狐均有自己选择配偶的特性。当选择公母狐相互投合的配偶时，则可顺利达成交配，否则即使发情好的母狐，公狐也不理睬。因此，在配种过程中，要随时调换公狐，以满足公母狐各自择偶的要求。在配种过程中，有的母狐已达到发情持续期，但仍拒绝多个公狐的求偶交配，如果将此狐放给去年原配公狐，则会顺利达成交配，实质上这也是择偶性强的表现。

2. 合理利用公狐 一般种公狐均能参加配种，但不同个体配种能力不同。对于配种能力强、性欲旺盛、体质好的种公狐，可适当提高使用次数，但不要过度使用，以便在配种旺季充分利用。体质较弱的公狐一般性欲维持时间较短，一定要限制交配次数，适当增加其休息时间。对有特殊"求偶""交配"技巧的公狐，要控制使用次数，重点与那些难配母狐进行交配。在配种期间，哪些公狐在配种旺季使用，哪些公狐应在配种后期使用应做到心中有数。配种旺季没有发情的公狐，仍要进行训练，不要失去信心，在配种后期这种公狐往往发挥重要的作用。部分公狐在配种初期表现很好，中途性欲下降，只要对其加强饲养管理，一般过一段时间即能恢复正常性欲。

3. 注意安全 在狐的配种期既要保证工作人员的人身安全，也要保证狐的安全。由于发情期的狐体内生殖激素水平较高，表现为脾气暴躁，易发怒，特别是公狐。饲养人员在抓狐时，动作要准确、牢固，防止被其咬伤或让狐逃跑，但动作不宜过猛，以免造成狐的外伤。另外，应注意观察放对时的公、母狐行为，以防止公、母狐相互咬伤，发现有拒配一方时，要及时将公母狐分开。

第五节　狐的妊娠与产仔

一、妊娠

1. 妊娠期　银黑狐和北极狐的妊娠期平均为 51～52 天，银黑狐的变动范围为 50～61 天，北极狐 50～58 天。据统计，妊娠期 51～55 天的占 95％以上（银黑狐），52～56 天的占 84％以上（北极狐）。母狐妊娠期时间与胎平均产仔数相关（表 4-6）。

表 4-6　妊娠期时间与胎平均产仔数的关系（北极狐）

（引自朴厚坤等《实用养狐技术》第二版，中国农业出版社，2002）

项　目	妊娠期				
	46～49 天	50～52 天	53～55 天	56～62 天	合　计
产胎数（只）	5	25	17	7	54
产仔数（只）	4.5	276	197	40	540
胎儿平均数量（只）	9.0	11.0	10.5	5.7	10

在母狐配种结束后，应及时推算出母狐的预产期，从而有效地加强对产仔母狐的护理并提高仔狐成活率。

2. 胚胎发育　狐的胚胎在妊娠前半期发育较慢，后半期发育很快。30 天以前胚胎重 1 克，35 天时 5 克，40 天时 10 克，48 天时 65～70 克。母狐妊娠 23～26 天后胚胎身长为 3～4 厘米；妊娠 30～33 天时胚胎身长 7～8 厘米，重达 50 克。妊娠 4～5 周后可以观察到母狐显怀，腹部膨大并稍下垂，用触摸方法可以进行妊娠诊断。

胚胎在妊娠的不同阶段均可发生死亡，造成妊娠中断。

胚胎的早期死亡比较多见，一般发生在妊娠后 20～25 天内，主要由于母狐营养不足、维生素缺乏等造成；死亡的胚胎多被母体吸收，妊娠母狐腹围逐渐缩小。妊娠 35 天后发生流产，多由于母狐食入变质饲料或疾病引起。阴道加德纳氏菌病是导致大批母狐流产的主要病因之一。妊娠期母狐受到应激（噪声应激、异色异象应激、寒暑应激等）会造成心理紧张、不适和行为失常等，也会影响胚胎的正常发育。因此，在母狐的妊娠期，除了保持适宜的营养水平外，还要保证狐场的安静，杜绝参观和机动车辆进入。只有科学的饲养和管理才能有效防止胚胎吸收和流产。该时期饲养人员要细心看护，严禁跑狐。临产前 5～10 天对笼具进行彻底的消毒，有条件的可用火焰（喷灯）消毒，也可用 3% 氢氧化钠（火碱）消毒。同时，对产箱要保温，高纬度的北方，要用软杂草将产箱四角压实，人工造巢，产箱缝隙用纸糊上，以防冷风侵入；低纬度的河北、山东地区，因产仔季节到来时天气已变暖，保温要求不那么严格，但也要有垫草，以防突然的寒流袭击。

二、产仔

1. 产仔期 狐的产仔期根据所处地区的不同而有所差异，但银黑狐多在 3 月下旬至 4 月下旬产仔，北极狐在 4 月中旬至 6 月中旬产仔。英系北极狐的产仔旺期集中在 4 月下旬至 5 月，占总产胎数的 85.5%，6 月 1 日以后产的只占 4.9%。所以每年 3 月 16 日（银黑狐）或 4 月 15 日（北极狐）前后应做好母狐的产前准备工作。

2. 产仔过程 母狐在产仔前活动减少，常卧于小室里。产前母狐的乳房增大，乳头变大，乳汁溢出，乳盘的颜色变深，在临产前 1～2 天会拔掉乳头周围的毛并拒食 1～2 顿。多半在凌晨或夜间分娩，产程 1～2 小时，有时达 3～4 小时。母狐卧于产箱内将胎儿娩出产道，每分娩 1 个，母狐即咬断脐带，用舌头舔干仔狐身上的黏液并吞掉胎衣，每隔5～10 分钟分娩 1 只，直至将所有胎儿娩出。一般银黑狐胎平均产仔4.5～5.0 只，北极狐 8～10 只，多者可达 20 余只。

产仔后母狐的母性很强，除吃食外，一般不出小室。个别母狐有抛弃或践踏仔狐的行为，多为母狐高度受惊所致。

3. 难产 母狐分娩时一般不需人接产，但应注意是否发生难产。母狐难产时，食欲会突然下降，精神不振，焦躁不安，不断采取蹲坐排粪姿势或舔外阴部。如出现临产症状，羊水已流出但长时间不见胎儿产出时，可进行药物催产。经 2～3 小时仍不见胎儿娩出，可施行人工助产。催产和助产失败时，<u>应进行剖腹产手术</u>。

4. 健康仔狐的判断 银黑狐初生重 80～130 克，北极狐 60～80 克。初生狐双眼紧闭，无听觉，无牙齿，身上胎毛稀疏，呈灰黑色。仔狐出生后 1～2 小时，身上胎毛干后，即可爬行寻找乳头吮乳，吃乳后便沉睡，直至需再行吮乳才能醒过来嘶叫。3～4 小时吃乳 1 次。

健康仔狐全身干燥，叫声尖短而有力，体躯温暖，成堆地卧在产房内抱成团，大小均匀，发育良好，拿在手中挣扎有力，全身紧凑。生后 14～16 天睁眼，并长出门齿和犬齿；18～39 日龄时开始吃由母狐叼入的饲料。弱仔则胎毛潮湿，体躯凉，在窝内各自分散，四面乱爬，拿在手中挣扎无力，叫声嘶哑，腹部干瘪或松软，大小相差悬殊。

仔狐的早期死亡，多半发生在 5 日龄以前，随着日龄增加，死亡率下降。

第六节　狐的人工授精技术

人工授精是利用器械人工采集雄性动物的精液，经过品质检验等处理后，再将合格的精液输入雌性动物生殖道内，从而代替雌雄动物自然交配而使雌性动物受孕的一种繁殖技术。狐的人工授精技术始于 20 世纪 30 年代，经过 80 多年的推广应用，现已在国内外养狐生产中广泛采用，不仅提高了公狐的利用率，降低饲养成本，而且解决了自然交配中部分难配母狐的配种问题。

我国狐的人工授精技术始于 20 世纪 80 年代中期，1995年狐的鲜精人工授精技术通过国家林业局专家鉴定达到国际先进水平后，在全国推广应用，目前情期受胎率可达 85% 以上。

一、狐人工授精技术的优点

1. 提高优良种公狐的配种能力　1 只公狐自然交配时最多交配 3～5 只母狐，而采用人工授精时，1 只公狐的精液可输给 50～100 只母狐。

2. 加快优良种群的扩繁速度，促进育种工作进程　因为人工授精能选择最优秀的公狐精液用于配种，显著扩大优良遗传基因的影响，从而加快种狐改良和新品种、新色型扩繁培育的速度。

3. 降低饲养成本　由于可减少种公狐的留种数，节省饲料和笼舍的费用支出，缩减饲养人员的数量，因而可降低饲养成本。

4. 可进行狐属和北极狐属的种间杂交　狐属的赤狐、

银黑狐与北极狐属的北极狐由于发情配种时间不一致，而造成了生殖隔离现象，采用人工授精技术可完成狐属与北极狐属之间的杂交。

5. 减少疾病的传播　人工授精人为隔断了公母狐的接触，减少了一些传染性疾病的传播与扩散。

6. 提高母狐的受胎率　人工授精所用的精液都经过了品质检查，质量有所保证，母狐也要经过发情鉴定，因而可以掌握适宜的配种时机，提高母狐的受胎率。

7. 克服交配困难　因公母狐的体型相差较大，择偶性强或是母狐阴道狭窄、外阴部不规则等，常会导致出现交配困难。利用人工授精技术可克服这些问题。

二、种狐的选择

种狐的选择是狐人工授精成功的关键。只有毛绒品质优良、处于壮年和遗传性能稳定的公狐才能用于采精。用于杂交改良的公狐必须是纯种的，健康也是重要参考指标之一。选择种公狐时，若只选择体型大的，则有可能导致雄性后代的交配能力减弱。生产实践中，体型大的雌狐幼仔育成率低于体型正常的雌狐。这些负面性状通常被称为"隐性性状"，选种时必须对备选狐进行详细而全面的评估，把具有异常隐性性状的家系或个体剔除。

三、采精

（一）采精前的准备

采精是指获得公狐精液的过程。采精前应准备好采精器械，如公狐保定架、集精杯、稀释液、显微镜、电刺激采精器等。根据精液保存方法的需要，还应置备冰箱、水浴锅或液氮罐等。集精杯等器皿使用前要灭菌消毒。采精室要清洁卫生，用紫外线灯照射 2～3 小时进行灭菌，以防止精液污染，室温调控在 20～25 ℃，保证室内空气新鲜。保定架的规格设计应根据狐的品种、个体的大小进行调整。采精人员在采精前要剪短指甲，并将手洗净消毒。采精前公狐的包皮也要用温水洗净。

（二）采精方法

狐常用的采精方法有徒手采精法（按摩采精法）、电刺激采精法和假阴道采精法 3 种。按摩法简易、高效，对人和动物安全，是商业性人工授精所采用的采精方法。为了既能最大限度地采集公狐精液，又能维护其健康体况和保证精液品质，必须合理安排采精频率。采精频率是指每周对公狐的采精次数，公狐每周采精 3～4 次，一般连续采精 2～3 天应休息 1～2 天。随意增加采精次数不仅会降低精液品质，而且会造成公狐生殖机能下降和体质衰弱等不良后果。

1. 按摩采精法 将公狐放在保定架内，或辅助人员将狐保定，使狐呈站立姿势。操作人员用手有规律地快速按摩公狐的阴茎及睾丸部，使阴茎勃起，然后捋开包皮把阴茎向后侧转，另一只手拇指和食指轻轻挤压龟头部刺激排精，用无名指和掌心握住集精杯，收集精液。按摩采精法比较简单，不需要过多的器械。但是，要求操作人员技术熟练，被采精的公狐野性不强，一般经过 2～3 天的调教训练，即可形成条件反射。操作者动作熟练时，可根据动物的反应适当调整按摩手法。如果公狐表现十分安静、温驯，北极狐仅需 2～5 分钟，银黑狐 5～10 分钟便可采到高质量的精液。

2. 电刺激采精法 是利用电刺激采精器，通过电流刺激公狐引起射精而采集精液。电刺激采精时，将公狐以站立或侧卧姿势保定，剪去包皮及其周围的被毛，并用生理盐水冲洗拭干。然后将涂有润滑油的电极探棒经肛门缓慢插入直肠 10 厘米，最后调节电子控制器使输出电压为 0.5～1 伏，电流强度为 30 毫安。调节电压时，由低开始，按一定时间通电及间歇，逐步增高刺激强度和电压，直至公狐伸出阴茎，勃起射精，将精液收集于集精杯内。公狐应用电刺激采精一般都能采出精液，射精量为 0.5～1.8 毫升，精子密度为 4 亿～11 亿个/毫升，比一般射精量多（主要是精清量大），但精子密度低。相对按摩采精法，电刺激采精法操作较费时，需专业的器械，会使狐抽搐和有痛苦感，且精液易被尿液污染（混入尿液的精液不可使用）。

3. 假阴道采精法 是模拟母狐阴道条件仿制人工假阴道，采精前通过台兽、诱情等方式刺激公狐阴茎勃起，然后将勃起的阴茎导入假阴道内使公狐排精的一种采精方法。假阴道主要由外壳、内胎、集精杯及其附件所组成。外壳可用硬质塑料或橡胶材料制成圆筒状。内胎用弹力强、无毒、柔软的材料（如乳胶管、橡胶管）作为假阴道内腔。外壳与内胎之间装温水以调节温度，充气以调节压力，并在内胎上涂抹润滑剂以增加润滑度。假阴道后端要安装一个用于收集精液的集精杯（试管或离心管）。假阴道在使用前须进行洗涤、内胎安装、注水、调压、涂抹润滑剂和公狐的调教等工作。此法的优点是采精设备简单、操作方便，可收集到全部射出的精液，一般不会降低精液的品质和损害公狐生殖器官或性机能。缺点是精液黏附于内胎壁上损失较多，假阴道的材料选择不好易对精子造成损害，而且只有经过调教的种公狐才可采用假阴道采精法，但由于调教种公狐困难较大，费时费力，此法目前较少采用。因此，徒手采精法是应用最为普遍的采精方法。

四、精液品质检查

精液品质检查的目的在于鉴定精液品质，以便判断公狐配种能力，同时精液品质检查也能反映出公狐的饲养管理水平和生殖机能状态，采精操作水平，以及精液稀释、保存的效果等。精液品质检查的项目很多，在生产实践中，一般分为常规检查项目和定期检查项目两大类。前者包括射精量、色泽、气味、pH、精子活率、精子密度等；定期检查项目包括精子计数、精子形态、精子成活率、精子存活时间及指数、美蓝退色时间、精子抗力等。当公狐精子活力低于0.7、畸形精子占10%以上时，受胎率明显下降，该种精液为不合格精液，不能用于输精。

1. 采精量　本地产北极狐、银黑狐按摩法的采精量平均为0.5～1.0毫升，引进的芬兰大体型北极狐采精量略大，平均为0.5～1.5毫升，芬兰北极狐与本地产北极狐杂交后代采精量平均为0.8～2.0毫升。

2. 精子密度　精子密度检查的血细胞计数法准确性高，但麻烦费时，在实际生产中使用受限。精液涂片估测法使用方便，但误差较大，具体方法是在400倍的显微镜下观察精液涂片，随机观察5个视野的精子数，按照精子密度（个/毫升）＝平均每个视野精子数×10^6计算出精子密度。采用按摩法获得的狐精液，平均精子密度在 $(5\sim7)\times10^8$ 个/毫升内，少量精液的精子密度可达到 1×10^9 个/毫升。

3. 精液的色泽、气味、pH　正常精液的颜色呈均匀的乳白色且不透明，有微腥气味或无味，偏酸性，pH 为 6.5。精液颜色和气味异常的不能用于输精，若 pH 改变，说明精液中可能混有尿液、不良稀释液等异物或狐副性腺患有疾病，也不能用于输精。

4. 精子活力　供输精用精子活力应大于 0.7，活力低于 0.7 的不能进行输精。精子的畸形率不能超过 10%，否则狐的受胎率会明显下降。

五、精液的稀释

精液稀释是向精液中加入适宜精子存活的稀释液，目的在于扩大精液容量，延长精子的存活时间，提高受精能力，便于精液保存和运输。

1. 稀释液　由多种成分组成，如葡萄糖、果糖、乳糖、蛋黄等营养物质，柠檬酸钠、磷酸二氢钾等缓冲物质以及抗冻物质（甘油类、激素类、维生素类）等。狐精液常温保存的稀释液配方见表 4-7。

表 4-7　稀释液的几种配方

（引自白秀娟《简明养狐手册》中国农业出版社，2002）

配　方	成　分	剂　量
1	氨基乙酸	1.82 克
	柠檬酸钠	0.72 克
	蛋黄	5.00 毫升
	蒸馏水	100.0 毫升

配　方	成　分	剂　量
2	氨基乙酸	2.10 克
	蛋黄	30.00 毫升
	蒸馏水	70.00 毫升
	青霉素	1 000.00 国际单位/毫升
3	葡萄糖	6.80 克
	甘油	2.50 毫升
	蛋黄	0.50 毫升
	蒸馏水	97.00 毫升

2. 稀释过程　配制稀释液时，所用的一切用具必须彻底清洗干净，严格消毒。所用蒸馏水或去离子水要新鲜，药品要求用分析纯，使用的鲜奶需经过滤后在水浴（92～95 ℃）中灭菌 10 分钟。蛋黄要取自新鲜鸡蛋，抗生素、酶类、激素类、维生素等添加剂必须在稀释液冷却至室温后，方可加入。

精液的适宜稀释倍数应根据原精液的质量，尤其是精子的活力和密度、每次输精所需的有效精子数（每次最少不低于 3 000 万个精子）、稀释液的种类和保存方法而定。新采得的精液要尽快稀释，稀释液和精液的温度必须调整一致，以 30～35 ℃为宜。稀释时，将稀释液沿精液瓶壁或插入的灭菌玻璃棒缓慢倒入，轻轻摇匀，防止剧烈震荡。若作高倍稀释，应先低倍再高倍，分次进行稀释。稀释后即进行镜检，检查精子活力。

六、精液的保存

精液保存的目的是延长精子的存活时间，便于运输，扩大精液的使用范围。精液的保存方法主要有常温保存（15～25 ℃）、低温保存（0～5 ℃）和冷冻保存（－196～－70 ℃）三种。精液常温保存时间越短越好，一般不超过 2 小时；低温保存时间不能超过 3 天；而冷冻保存的精液可以长期使用。狐的精液保存目前主要采用常温保存法，即现采现用；低温保存和冷冻保存基本不用，特别是狐的冷冻精液长期保存，目前未有成功的报道。

七、适宜输精时机

母狐发情时，行为表现为食欲下降，兴奋，发出叫声，尿频，有气味，温驯；外阴变化为外阴肿胀，颜色暗红，有皱褶，松软，有分泌物流出；放对试情时，母狐站立并温驯地接受公狐爬胯时为输精适宜时间，此时输精可使母狐顺利受孕。

用阴道分泌物图像检查时，当角质化细胞占满整个视野，圆形细胞最少时，为适宜输精期。用发情检测器检测法时，则北极狐在电阻峰值下降第 2 天，银狐在电阻峰值下降当天为最佳输精时间。

八、输精

输精是人工授精的最后一个技术环节，应适时准确地把符合要求的精液输到发情母狐生殖道内的适当部位，以保证获得较高的受胎率。

输精前要准备好输精器（图 4 - 6）、保定架、水浴锅等。输精器材使用前必须彻底洗涤，严格消毒，最后用稀释液冲洗。

常温保存的精液，需要升温到 35 ℃，镜检活率不低于 0.6，按每只母狐每次输精量，装入输精器内。接受输精的母狐要进行保定，保定后将尾巴拉向一侧，阴

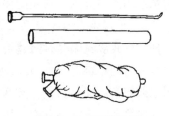

图 4-6　狐用输精器

门及其附近用温肥皂水擦洗干净，并用消毒液进行消毒，然后用温水或生理盐水冲洗擦干。输精员在输精操作前，指甲需剪短磨光，手臂洗净擦干后用 75％酒精消毒，待完全挥发干再持输精器材。

狐的输精方法主要有针式输精法和气泡式输精法；前者常用，后者基本不用。针式输精法是用开膣器将阴道撑开，将输精针轻轻插入子宫，然后将精液注入子宫内。由于精液直接进入子宫内，所以能提高母狐的受胎率。气泡式输精法是将气泡式插精器（人们模拟狐交配的"连锁"现象而制成的输精器针）事先送到母狐的阴道内，通过通气孔注入空气，然后关闭气孔，由输精孔注入精液。此法由于输精孔难以对准子宫颈口，精子进入子宫的机会较少，所以受精率较低。

输精时间应根据母狐发情鉴定情况，在母狐发情旺期进行输精。如果精液品质好，第 1 次输精后，过 24 小时再输第 2 次即可；倘若精液品质较差，可连续输 3 天，每天1 次。

九、影响狐人工授精受胎率的因素

目前狐人工授精技术虽已广泛开展，但很多养殖场所获

得的受胎率与自然本交相比仍效率较低，未发挥人工授精技术优势，反而影响经济效益。当前国内养殖环境下影响狐人工授精受胎率的因素，主要包括以下 8 个方面。

1. 细菌感染　母狐在发情阶段，由于生殖系统的快速发育，无论是否受配，受内分泌影响产生的孕酮激素激发了囊泡性子宫内膜增殖肥大，并呈现充血现象，加速了致病菌的繁殖，常见的有双球菌、大肠杆菌等。部分母狐的子宫炎、卵巢囊肿、肾周脓肿等疾病，可在几天内迅速形成子宫积脓，严重者卵巢、子宫、阴道内充满脓液，并从阴道口流出。部分毒菌顺血液被输至全身，形成并发症，发现或治疗不及时，将很快死亡。

2. 消毒灭菌不严格　消毒灭菌按时间算约占整个程序的 70％以上。由于偏酸或偏碱的水质在器械烘干的过程中，有很多污垢牢固地沾附在器械表面，擦除时极易产生二次感染，因此应使用纯净无杂质的中性水，分类逐件清洗，高压蒸汽消毒，烘干待用，使用前用稀释液冲洗。由于精子具有趋化性、趋触性，所以在接触器械的过程中，精子易对异物产生凝集或聚集现象；狐精液 pH 为 5.8～6.7，偏酸则抑制运动和代谢，偏碱则活力增强，降低精子存活时间，甚至使精子迅速死亡。清洗消毒后的器械须防止二次感染和交叉感染，器械应保证每只狐 1 套，严格禁止一根针输到底。

3. 温度突变　温度的骤然变化对精子的危害极大，精子的生存条件随着体外的温度变化而改变，其代谢活动能力、存活时间、受精能力与温度变化有关。新采集的精液从开始接触集精杯的时刻起就应避免温差。当温度低于 35℃时，精子的活率已开始减弱；当在 10～20 分钟时间内降至 10 ℃时，会造成精子死亡，即冷休克。如果在 1 小时以上的时间由 10 ℃缓慢地降至 0 ℃，精子就会非常缓慢地转为"休眠"状态，但未完全停止代谢活动。很显然，缓慢地降温和升温是非常重要的一环。精液与稀释液混合时，应在等温下进行。因各地稀释液配方不同，缓冲剂的类型也不同，所以不可因含有缓冲剂而忽视了温差的不良影响，凡精液接触器械都应在等温下进行。

4. 精子的活率对受胎率的影响　精子的活率不低于 0.7才能取得不错的受胎率，即活率越高，受胎率越高。

5. 输入有效精子数量对受胎率的影响　为获得理想的受胎效果，必须保证输入足够数量的有效精子。相对来讲，输入精子数越多，受胎率越高。据研究，输入有效精子 1 亿个比 0.8 亿个受胎率高 3.4％，输入有效精子 1.2 亿个和1.5 亿个，受胎率分别比 1 亿高 0.8％和 1.5％。

6. 卵泡发育不同阶段对受胎率的影响　卵泡发育的不同阶段对输精后的受胎率效果不一样，其中最佳输精期为卵泡发育的高峰期，此时为排卵期，是最佳的输精时机，可获得理想的受胎效果。

7. 不同输精次数对受胎率的影响　通常输精 3～4 次受胎率比输精 1～2 次高 10％左右。输精次数增多，受胎率就高，但不应超过 5 次。

8. 饲养管理不良　粗放管理、营养物质比例失调是配而不孕的主要原因之一。狐狸所需要的各种营养物质相互之间有着错综复杂的关系，任何一种营养物质的比例失调都将影响到身体的发育和繁殖能力。如蛋白质供应不足时，母狐不易受孕，即使受孕也易出现死胎或弱胎，但超量时也会引起代谢紊乱，发生病理变化。脂肪缺乏时，饲料中的多种维生素难以溶解利用，生殖系统毫无疑问会受到影响。而碳水化合物在调节脂肪代谢、降低体内蛋白质的分解上都起着重要作用，在供给量不足时，就会破坏机体的物质代谢，不易受孕，生产力显著下降。

第七节　提高狐繁殖力的主要措施

一、繁殖力的评价指标

繁殖力是指维持正常繁殖机能生育后代的能力，也就是指在一生或一段时间内繁殖后代的能力。欲提高狐的繁殖力，必须掌握繁殖力的评价指标。

1. 受配率　用于配种期考察母狐交配进度的指标。

受配率＝（达成配种的母狐数/参加配种并发情的母狐数）×100％

2. 产仔率　用于评价母狐妊娠情况。

产仔率＝产仔母狐数（包括流产数）/实配母狐数×100％

3. 胎平均产仔数　用于评价母狐产仔能力。

胎平均产仔数＝仔狐数（包括流产和死胎）/产仔母狐数

4. 群平均产仔数　用于评价整个狐群产仔能力。

群平均产仔数＝仔狐数（包括流产和死胎）/配种期存栏母狐数

5. 成活率　用于衡量仔、幼狐培育的好坏。

成活率＝（现活仔狐数/所产仔狐数）×100％

6. 年增值率　用于衡量年度狐群变动情况。

年增值率＝［（年末只数－年初只数)/年初只数]×100％

7. 死亡率　用于衡量狐群发病死亡的情况。

死亡率＝（死亡只数/年初只数）×100％

二、提高狐繁殖力的措施

影响狐繁殖力的因素较多，如遗传、营养、环境应激、饲养管理等。这些因素直接或间接影响公狐的精液品质、配种能力，母狐的正常发情、排卵数和胚胎发育，最终影响到狐的繁殖机能。提高狐的繁殖力，必须采取综合性技术措施。

1. 建立优良高产种群 首先在建场时就应引入优良种狐，只有良种才能产出优良后代。实践中往往引入狐种并不理想，这就需要在实际工作中不断选育提高。具体做法是不断淘汰生产性能低、母性差、毛色差的种狐及其后裔，保留那些生产性能优良的种狐及其后裔，经过 3～5 年的精选和淘汰，就会使种群品质大大提高。

2. 科学饲养管理 科学的饲养管理能保障种狐的健康，使种狐有良好的繁殖体况，保证精子和卵子的质量，这是提高狐繁殖力的前提条件。再好的种狐，如果饲养管理跟不上，也不能充分发挥良种的潜力和生产效能，因此，按狐不同生理时期的不同饲养标准进行适宜的饲养管理，是提高母狐繁殖力的必备条件之一，主要包括日粮全价，饲养环境适宜、卫生，无疾病和应激等。

3. 科学利用生殖激素 动物的繁殖生理活动如精子和卵子的生成、性器官发育、发情、妊娠、分娩等都是在生殖激素的作用下实现的。动物体内的生殖激素有十余种，由脑垂体、性腺等分泌。外源生殖激素是指人们根据生殖激素的化学结构人工合成或从动物的组织器官中分离提取的，而非狐体自身合成的生殖激素。目前在狐的繁殖方面主要应用以下 4 种外源生殖激素。

(1) 孕马血清促性腺激素（PMSG） 是一种比较特殊的促性腺激素，由糖蛋白组成，其同一分子具有促卵泡生成素（FSH）和促黄体生成素（LH）两种活性，因此，具有促卵泡成熟和促排卵的作用。近年来，在大家畜人工授精和胚胎移植技术方面，常用 PMSG 促同步发情和超数排卵。对狐主要用于促进发情、排卵及人工授精时的同步发情。成年母狐初情前或初情期，每只狐可用 PMSG 100～500 国际单位。

(2) 人绒毛膜促性腺激素（HCG） 是人和高等动物灵长类胎盘分泌的一种糖蛋白类激素，主要作用是使月经黄体转变为妊娠黄体，促进卵泡的发育及排卵，对雌雄动物均有促进发情作用。中国农业科学院特产研究所于 1994—1995 年利用 HCG 进行促进北极狐同步发情的试验，效果良好。在试用 HCG 促进母狐发情时，其发情和自然发情母狐的外阴部变化一致，母狐外阴部均在处理后的 4～5 天开始肿胀，6～10 天发情达到持续期，能够顺利达成交配和产仔（产仔率为 30%～60%）。每只母狐用量为 200～250 国际单位，一次注射较为适宜。HCG 也不是对所有母狐均有作用，种狐必须达到或接近标准体况时才有效。一般是在配种后期对发情较迟缓的母狐使用。

(3) 促性腺激素释放激素（LRH） 由丘脑下部分泌，其主要作用是促进母狐排卵。我国使用 LRH 使紫貂繁殖力提高了 50% 左右。为了使母狐超数排卵，提高繁殖力，可在交配之后给每只母狐注射 LRH 8～10 微克。

(4) 褪黑素（MLT） 又称黑色紧张素，它是一种吲哚类物质，由松果体分泌。目前研究情况表明，MLT 的主要作用是促进雄性睾丸发育；此外，在长日照条件下埋置MLT，可使动物提前换毛。国外有人在6—8月给银黑狐埋置MLT 40毫克，11月采集精液进行冷冻，到翌年繁殖季节给北极狐人工授精，结果有9头产仔，胎平均产仔数为（7±0.5）只。

三、合理利用现代繁育技术

狐属种狐较北极狐属种狐发情时间早，发情进程快，而且持续时间短，发情征候不明显，产仔数少。另外，狐属种狐在发情持续期时难以达成交配，因此，交配的准确性较高，故狐属的发情鉴定要及时准确，并结合试情放对达成初配，初配后要求连日复配1～2次。北极狐由于发情持续期和排卵持续时间均较狐属长，发情前期又易达成交配，故交配准确性低，因此，对北极狐发情鉴定要严格准确，杜绝提早交配，初配后必须连日或隔日复配2～3次。北极狐属较狐属增加复配次数，可提高受胎率和产仔数。但复配次数过多易使母狐生殖道损伤而增加细菌感染的机会，引起子宫内膜炎，造成流产或空怀。

第五章
狐营养需要与饲料配制关键技术

第一节　狐的营养需要

一、狐的消化生理特点

（一）狐的消化系统

狐的消化系统包括口腔、食管、胃、肠、肝脏和胰脏。

1. 口腔　狐的口裂比较大，口裂可以向后伸到第三前臼齿。狐脸颊较短，黏膜平滑。恒齿有 42 个：切齿 12 个，犬齿 4 个，前臼齿 16 个，臼齿 10 个。舌扁而宽，舌背上的正中沟较浅，丝状乳头密且柔软。轮廓乳头在舌根的背侧面两侧各有 2 个，舌系带比较发达。

2. 食管　狐食管的前端具有一个环状的皱褶，在气管的背面，长度为 38～42 厘米。

3. 胃　狐是单胃动物，腺胃的容积较大，可以达到 310～350 毫升。狐在进食后 6～8 小时胃内容物全部排空。在左侧有贲门部，似圆形，与食管相连；在右侧有幽门部，呈圆筒状，与十二指肠相连。胃黏膜上有胃腺，分泌胃液，包括胃酸、黏液和胃蛋白酶。胃酸刺激胃蛋白酶使胃内呈酸性环境，这样有利于饲料中的蛋白质消化，胃酸进入小肠可以促进胰液分泌胃蛋白酶。

4. 肠　狐的肠管较短，银黑狐肠管为体长的 3.5 倍，北极狐肠管为体长的 4.3 倍。小肠分为十二指肠、空肠和回肠 3 部分。空肠、回肠呈盘曲状，由宽大的肠系膜连于腰下部，小肠末端沿盲肠的内侧向前移行，与结肠的起始端相接。小肠是消化道消化吸收的主要部位，小肠中的消化液有胰液、胆汁、小肠液，胰液中的消化酶可以将蛋白质分解为氨基酸；胆汁能激活脂肪酶，乳化脂肪，促进脂肪的消化和吸收。所有的营养物质、水、无机盐、维生素等均在小肠内被吸收。大肠分为盲肠、结肠和直肠。盲肠前端开口于结肠的起始部，后部是一个尖形的盲端开口。大肠的功能主要是吸收水分，形成粪便排出体外。大肠腺可以分泌碱性大肠液，其作用是湿润粪便、保护黏膜。

5. 肝脏和胰脏　肝的分叶多且清楚。左叶分为左内叶及左外叶，右叶分为右内叶及右外叶。中间叶在腹侧部分为方形叶，其上部左侧为乳头叶，右侧为尾状叶。胆囊位于右内叶和方形叶之间。狐的肝重变化大，为体重的 1.9% ～ 9.8%。胰呈窄而长的不规则带状，短而细的导管开口在距幽门 3.5 厘米及 10 厘米处的十二指肠壁上。

（二）狐的消化特点

狐是杂食动物，主要消化特点有以下几点。

① 门齿小，犬齿长而尖锐，臼齿结构复杂，适合撕咬撕裂肉类，不善于咀嚼。

② 狐的消化道短，食物通过消化道的速度快，消化道长 2.1～2.6 米，是体长的 3～4 倍，容积为 500～1 200 毫

升，在体内存留时间较短，一般采食后 6～8 小时后排便。

③ 狐的消化腺能够分泌大量的蛋白酶和脂肪酶，对蛋白质和脂肪的消化能力很强。

④ 狐消化腺分泌的淀粉酶量较少，对碳水化合物的消化能力差，饲喂前要对其进行煮熟或对淀粉类进行糊化。

⑤ 盲肠退化，只剩下 4 厘米左右的大小，所以消化过程中微生物所起的作用很小，体内合成维生素的能力很差。

二、狐的营养需要

狐必须从体外吸收所需要的营养物质以维持生存、繁殖等正常的新陈代谢等生命活动。狐的营养需要包括能量需要、水分需要、蛋白质需要、脂肪需要、碳水化合物需要、维生素需要和矿物质需要。

（一）能量

饲料中的蛋白质、脂肪、碳水化合物等在体内代谢过程中释放能量。狐的能量需要通常用代谢能来表示。饲料代谢能等于总的可消化营养物质的能量减去尿能。生产实践中，常用下列方式求得饲料代谢能：代谢能＝可消化蛋白质×0.018 8 兆焦＋可消化脂肪×0.039 9 兆焦＋可消化碳水化合物×0.017 2 兆焦。狐的能量需要会随着季节因光照和温度等外界因素的不同而有不同的变化。狐通常在夏季的代谢水平最高，每千克体重需代谢能 0.259 2 兆焦；冬季的代谢水平最低，每千克体重需代谢能 0.116 7 兆焦；春秋两季代谢水平相近，每千克体重需代谢能 0.209～0.217 兆焦。

（二）水分

水是狐机体组织和器官的重要组成部分，是构成细胞的主要成分，是各种营养物质的溶剂。水占狐体重的 60%～70%。消化道内各种营养物质的消化、吸收以及体温调节、血液循环等都离不开水。水使机体内各组织细胞保持一定形状，使其既有硬度又有弹性，而且具有润滑组织、减缓各组织及脏器间的冲击和摩擦的功能。水与狐的新陈代谢关系极大。若饮水不足或缺水时间较长，生长发育速度会下降。缺水比缺乏其他任何营养物质对狐的致死速度都快。狐日常需要的水量受环境温度、湿度、狐的周龄、水质等因素的影响，其中环境温度对所需要的水量影响最大。当气温高于20 ℃时，所需水量开始增加；32 ℃时，所需水量大约为21 ℃时的 2 倍。

（三）蛋白质

蛋白质是狐日粮中最重要的营养物质，是构成肌肉、神经、皮肤、各种器官、血液、毛发等各种组织的主要成分，用于组织的修补和更新，合成新陈代谢必需的酶和激素，供给机体能量等作用。因此，在狐的日粮中必须保证足够的蛋白质供给。日粮中缺乏蛋白质时，狐生长发育缓慢，食欲减退，绒毛生长不良，体重下降，抗病能力降低，容易发生各种疾病。

饲料中的蛋白质是粗蛋白质，它包括纯蛋白质和非蛋白氮。狐是单胃动物，只吸收饲料中的纯蛋白。纯蛋白质由20 种氨基酸组成。狐对蛋白质的需要，实际上是对氨基酸的需要。氨基酸可分为必需氨基酸和非必需氨基酸。必需氨基酸是狐生存和生长所必需的，而体内又不能合成或者能够合成但其合成速度或数量不能满足正常生长的需要。所以必须从饲料中获得。非必需氨基酸是指不需要饲料供给也能保证狐的正常生长，如果日粮中含量不足或缺乏时，可由狐机体合成。狐日粮中蛋白质的需要量，首先要考虑必需氨基酸能否满足营养需要，这对于满足狐生长发育，维持生命及正常生育繁殖和生产优质皮张是非常必要的。

幼龄银黑狐要求每 0.418 兆焦代谢能中保证有 7～8 克可消化蛋白质，日粮中蛋氨酸加胱氨酸不少于 200 毫克、色氨酸不少于 65 毫克对狐的生长和换毛均有良好效果。如果氨基酸不足，则会导致翌年繁殖率下降。成年银黑狐及后备狐在夏季每 0.418 兆焦代谢能中要保证有 8 克左右的可消化蛋白质，冬季需要 10 克左右。在 7—10 月日粮中蛋氨酸加胱氨酸不能低于 245 毫克，色氨酸不低于 70 毫克。幼龄北极狐要求每 0.418 兆焦代谢能中含 7 克可消化蛋白质，5 克左右脂肪。只要氨基酸达到平衡，就可保证正常生长，获得优质皮毛。成年北极狐每 0.418 兆焦代谢能中要保证有 9～10 克可消化蛋白质。

（四）脂肪

饲料中的脂溶性成分称为粗脂肪。粗脂肪包括脂肪和类脂化合物，如固醇、磷脂、蜡酯等。脂肪是狐体组织和细胞的主要组成成分，可促进脂溶性维生素的吸收，氧化供能。

1 克脂肪在体内完全氧化释放的能量是碳水化合物或蛋白质的 2.25 倍。日粮中缺乏脂肪将影响脂溶性维生素的吸收和利用。脂肪由甘油和脂肪酸构成，脂肪酸可分为饱和脂肪酸和不饱和脂肪酸。必需脂肪酸是狐生存所必需的，但体内又不能合成或大量合成，必须从饲料中获得，对狐的生长发育十分重要，至少占饲料的2%左右。脂肪贮存过程中，易氧化酸败。不饱和脂肪酸的氧化产物如脂质过氧化物、醛、酮等可造成消化障碍，导致食欲减退、生长发育缓慢或停滞，造成母狐空怀、流产和胚胎吸收等，所以要尽量保证供给新鲜的脂肪。狐在繁殖季节的脂肪供给量应为饲料干物质的12%，幼狐生长期脂肪供给量应达17%。当脂肪量达20%～22%时，虽能促进狐的快速生长，但对毛绒质量有不良影响。

（五）碳水化合物

饲料中的碳水化合物包括易吸收的无氮浸出物和难消化的粗纤维两部分，是狐能量的重要来源。碳水化合物是由碳、氢、氧三种元素构成的有机物，主要包括淀粉、纤维素、半纤维素、木质素以及一些可溶性糖类。无氮浸出物的主要成分是淀粉和糖类。粗纤维的主要成分是纤维素、半纤维素、木质素和角质等，这些都是饲料中不容易消化的物质。狐对碳水化合物的利用，实质就是对无氮浸出物的利用，狐的肠道结构决定了狐对粗纤维的利用率很低。但粗纤维可以刺激肠道正常蠕动，有利于废物的排泄。

碳水化合物在日粮中的组成比例必须适当。狐日粮中碳水化合物需要量占25%左右。银黑狐和北极狐都可以很好地消化各种类型的淀粉和糖类。煮熟和膨化的饲料与生饲料相比可提高消化率10%左右，同时可杀灭危害狐的病原微生物，还可改善饲料的适口性。北极狐日粮中碳水化合物的比例可略高于银黑狐，但一般不超过30%。

（六）矿物质

饲料中的无机物质就是矿物质，也叫灰分。矿物质中的无机元素可分为常量元素和微量元素两大类。常量元素是指占体重 0.01% 以上的元素，包括钙、磷、氯、钠、钾、镁、硫。微量元素是指占体重 0.01% 以下的元素，如铁、铜、锰、钴、锌、碘、硒、氟等。

矿物质是机体组织细胞的组成成分，对于神经和肌肉组织的正常兴奋有重要作用。如钠、钾离子浓度升高，可提高神经系统的兴奋性；而钙、镁离子浓度升高，则会降低神经系统的兴奋性。另外，矿物质对维持水的代谢、酸碱平衡和渗透压平衡等都有重要作用。

1. 钙和磷　是构成狐骨骼、牙齿的主要成分，还有少部分构成软组织，存在于体液中。钙参与凝血，维持细胞的正常生理状态，磷还是核酸和蛋白质的主要组成成分。妊娠、哺乳的母狐和仔狐对钙和磷需要量较大。如果钙和磷缺乏，会导致狐食欲丧失、生长停滞、患佝偻病；母狐在泌乳期间，将会消耗体内骨骼中的钙、磷，影响其健康。钙磷过多时，会抑制机体对锰和镁的吸收。狐日粮中要根据磷含量确定钙含量。骨粉是钙和磷的重要来源。泌乳母狐和幼狐需要的钙和磷，每 0.418 兆焦代谢能分别为 0.15～0.25 克和 0.12～0.18 克。饲料中最适宜的钙、磷比例为 1.7:1。

2. 氯、钠、钾　这三种元素可以调节狐体内阴阳离子的平衡，对保持水分，保持细胞与血液组织液之间渗透压的均衡，维持机体内的酸碱平衡起着重要作用。狐日粮中缺乏这三种元素可导致消化不良，食欲减退；但摄入过量又会引起中毒甚至死亡。食盐是钠和氯的重要来源。每只狐每天可摄入 1~2 克，为饲料的 0.2%~0.3%。

3. 铁、钴、铜 铁在体内可以与蛋白质结合形成血红蛋白、肌红蛋白、各种氧化酶以及细胞色素等，参与运输氧气和细胞内的生物氧化过程。铜可以催化血红蛋白的形成，是狐体内各种酶的组成成分和活化剂。铁和铜参与造血过程，缺乏时会患贫血症，造成毛皮质量下降。钴是维生素 B_{12} 的成分，缺乏时会影响体内铁的代谢，导致贫血，影响生长。

4. 镁 主要存在于狐的骨骼中，与骨骼发育有关。如果体内镁过少，会出现骨骼钙化不正常，骨骼生长发育不良，但若体内镁过多，则会扰乱钙磷平衡。

5. 锰 可以促进钙、磷的吸收和骨骼牙齿的形成。若日粮中缺锰，狐的骨骼将发育不良，生长缓慢，出现运动障碍。怀孕母狐缺锰，将会对胚胎发育产生严重影响。

6. 硒 具有抗氧化作用，是谷胱甘肽过氧化物酶的组成成分，促进仔狐、幼狐的生长发育。缺硒时，皮下出现水肿和组织出血，常发生骨骼肌和肌肉营养不良，诱发白肌肉。

7. 碘 是甲状腺合成甲状腺激素必需的元素，参与机体的基础代谢。缺碘会导致甲状腺肿，生长发育缓慢，代谢受阻，严重会使公狐精液品质不良，导致不育，母狐胚胎死亡或流产。

8. 硫 含硫氨基酸中的硫是体内硫的主要来源，以有机形式存在于蛋氨酸、胱氨酸及半胱氨酸中。机体缺硫时会导致狐血糖升高，生长速度减慢，甚至出现食毛等现象，影响毛皮质量。

（七）维生素

维生素是具有高度生物活性的低分子有机化合物，包括脂溶性维生素和水溶性维生素。脂溶性维生素包括维生素A、维生素D、维生素E和维生素K，水溶性维生素包括B族维生素和维生素C。B族维生素又包括硫胺素（维生素B_1）、核黄素（维生素B_2）、烟酸、泛酸、维生素B_6、叶酸、生物素、维生素B_{12}和胆碱。维生素虽然不能提供热量，也不是构成组织和器官的物质，但是维生素广泛参与机体的新陈代谢，促进生长发育。狐对维生素缺乏比较敏感，一旦缺乏，就会导致新陈代谢紊乱，生理功能失调，影响对其他种类营养物质的吸收利用，严重时可导致死亡。

1. 维生素 A 对维持上皮细胞的完整性、正常视力、基因调节、繁殖、免疫功能、抗氧化作用等方面有重要作用，并能促进细胞的增殖和生长，增强机体抗感染能力，维持骨骼的正常生长代谢。机体缺乏维生素A时，会引起仔狐、幼狐生长发育缓慢，表皮和黏膜上皮角质化，狐的繁殖能力及毛皮质量受到严重影响。尤其是会对狐的视觉、呼吸、泌乳和生殖系统产生严重影响，公狐不能生成精子，性欲减退；母狐不排卵，空怀，胎儿营养不良，易造成流产和死胎。胡萝卜素是机体合成维生素A的原料，在玉米中含量较高；在动物性饲料中，肝脏和鱼肝油含维生素A最丰富。狐对维生素A的需要量在繁殖期最高，每只狐维生素A的需要量为每日800～1 000国际单位。补给维生素A的同时增喂脂肪和维生素E，可提高维生素A的利用率。

2. 维生素 D 与狐体内钙、磷有协同作用。其功能是维持钙和磷的正常代谢水平，增强肠道对钙、磷的吸收利用，促进钙、磷在肠道内的吸收，保证骨的形成和正常生长。如果缺少维生素 D，会出现软骨病、佝偻病，并对狐的繁殖产生不良影响。维生素 D 主要来源于鱼肝油、动物肝脏、蛋类和乳类。每只狐每日需要量为 100～150 国际单位。

3. 维生素 E 又称为生育酚，在狐体内参与脂肪的代谢调节，调节机体正常的内分泌，使细胞正常发育，缩短母狐妊娠期，提高产仔数。维生素 E 还是狐体内的抗氧化剂和代谢调节剂，对生殖、泌乳、铁元素的吸收都有重要作用。如果缺乏维生素 E，公狐的精子活力差，数量减少，畸形数增多，精液品质降低，甚至丧失配种能力；母狐产仔数下降，不孕或怀孕后胎儿死亡。缺乏维生素 E 时，还会出现脂肪代谢障碍，导致尿湿症，或出现肌肉营养不良或白肌病。可以在饲料中添加亚硒酸钠来防止维生素 E 缺乏。维生素 E 在植物油中含量较高，也可以在日粮中用维生素 E 补充。狐每日的需要量以仔狐、幼狐的生长期和种狐的繁殖期为最高，每只 3～5 毫克，其他时期可以适当减少。

4. 维生素 K 是血液凝固所必需的物质，因此又称为抗出血症维生素。维生素 K 对体内凝血酶原的形成有催化作用。如果狐肠道机能紊乱，肠道中的微生物活动受到抑制，使维生素 K 的合成受到影响，就会造成维生素 K 缺乏。维生素 K 缺乏，易导致脏器出血或鼻腔出血，狐受伤后血液不易凝固，流血不止甚至死亡。维生素 K 缺乏症一般少见。

5. 硫胺素（维生素 B_1） 又称抗神经炎维生素。可促进狐生长发育，维持神经系统、消化小肽和循环系统的正常功能。狐体内不能合成维生素 B_1，只能靠日粮满足需要。缺乏维生素 B_1 时，狐体内的碳水化合物代谢和脂肪利用率受到影响，出现食欲减退、消化紊乱、生长发育受阻、后肢麻痹、颈部强直震颤等多发性神经症状，严重时出现抽搐、痉挛、瘫痪等。维生素 B_1 在酵母中含量最丰富，糠麸及各种青饲料中含量也较多。每只狐每日需要量 3～5 毫克。维生素 B_1 毒性小，超过狐最低需要量的 200 倍时也没有危险。

6. 核黄素（维生素 B_2） 构成体内某些酶的辅基，对机体氧化、还原、调节细胞呼吸起着重要作用。此外，还参与体温调节，在冬季应提高维生素 B_2 的饲喂量。维生素 B_2 是饲料中最容易缺乏的一种维生素。维生素缺 B_2 乏时，会导致蛋白质和氨基酸利用率降低，种狐丧失繁殖能力，仔狐、幼狐发育缓慢，新陈代谢机能障碍，肌肉痉挛无力等。维生素 B_2 在酵母、糠麸以及青饲料中含量丰富。每只狐每日需要量为 2～3 毫克。

7. 维生素 B_6 又称为吡哆醇或抗皮炎维生素。主要在狐体内参与蛋白质代谢，促进抗体的形成，增强机体的抗病能力，并供应神经系统所需要的营养。缺乏时，仔狐、幼狐会出现生长停滞，贫血、痉挛、水肿性多发神经炎等病症，公狐出现尿结石。维生素 B_6 在谷实、糠麸等饲料中含量较多，且在体内也可以合成，很少有缺乏现象。

8. 维生素 B_{12} 又称为氰钴胺素或抗贫血维生素，是唯一含钴的维生素。参与调节骨髓的造血过程以及红细胞的成熟，参与核酸合成以及碳水化合物、脂肪的代谢，可以促进狐生长、防止狐贫血。缺乏时，红细胞的浓度降低，易发生贫血、消化不良或脂肪肝，饲料利用率低，食欲不振，仔狐、幼狐生长缓慢，种狐繁殖能力降低。维生素 B_{12} 在动物性饲料中含量丰富。日粮中充足的动物性饲料或经常供给多种维生素制剂，就可以满足狐狸对维生素 B_{12} 的需要。狐患有肝病或者胃肠病时，要增加其饲喂量。

9. 维生素 C 又称为抗坏血酸。维生素 C 参与体内氧化还原反应，可以作为酶的激活剂、还原剂，参与激素的合成，具有解毒作用和抗坏血病的功能。维生素 C 缺乏时，会发生坏血病，母狐妊娠期要加大饲喂量，否则会造成狐食欲不振，泌乳能力降低，发生红爪病。

狐对几种维生素的需要量见表 5 - 1。

表 5 - 1　狐对维生素的需要量

（引自徐俊宝，1994）

维生素种类	单　位	每 100 克干物质含量	每 0.418 兆焦中含量
维生素 A	国际单位	500～825	150～250
维生素 D	国际单位	100～165	30～50
维生素 E	毫克	3～15	1～5
维生素 B_1	毫克	1.2～3.6	0.6～1
维生素 B_2	毫克	0.2～0.8	0.1～0.25
泛酸（维生素 B_3）	毫克	1.2～4	0.36～1.2
胆碱（维生素 B_4）	毫克	33～66	10～20
烟酸（维生素 B_5）	毫克	1.5～4	0.45～1.2
吡哆醇（维生素 B_6）	毫克	0.6～0.9	0.18～0.27
生物素（维生素 B_7）	毫克	13～20	4～6
叶酸（维生素 B_{11}）	毫克	0.06～0.3	0.02～0.09
维生素 B_{12}	毫克	5～8	1.5～2.5
维生素 C	毫克	33～66	10～20

三、狐的饲养标准

狐的饲养标准是保证狐狸正常生长发育、具有良好的生产性能和毛皮质量的技术标准，养狐生产中，一定要根据饲养标准做出计划，并因地制宜灵活运用，以达到高效养殖的目的。狐的不同时期，对营养物质和热能需要不同。如配种期，性欲旺，食欲差，机体消耗大，此期需要较多的蛋白质，因此应配制少而精的日粮。在制订日粮配方时，应根据不同时期的营养需要、食欲状况、当地饲料条件等情况，尽量达到饲养标准的要求。狐饲养标准只有美国 NRC（1982）标准，国内目前尚未颁布狐饲养标准。美国 NRC（1982）狐饲养标准见表 5 - 2 至表 5 - 4。国内部分学者推荐的狐饲养标准见表 5 - 5 至表 5 - 7。

表 5 - 2　NRC（1982）**狐营养需要量**（百分比或每千克干物质含量）

[引自美国 NRC（1982），略作改动]

指　标	生长阶段		维持期	妊娠期	泌乳期
	7～23 周龄	23 周龄至成熟			
代谢能（兆焦）		13.488 9			
蛋白质（%）	27.6～29.6	24.7	19.7	29.6	35.0
维生素 A（国际单位）	2 440	2 440			
硫胺素（微克）	1.0	1.0			
核黄素（毫克）	3.7	3.7		5.5	5.5
泛酸（毫克）	7.4	7.4			
维生素 B_6（微克）	1.8	1.8			
烟酸（毫克）	9.6	9.6			
叶酸（微克）	0.2	0.2			
钙（%）	0.6	0.6	0.6		
磷（%）	0.6	0.6	0.4		
钙磷比	(1～1.7)：1	(1～1.7)：1	(1～1.7)：1		
盐（%）	0.5	0.5	0.5	0.5	0.5

表5-3 NRC（1982）银黑狐营养需要量（每0.418兆焦代谢能需要量）

[引自美国 NRC（1982），略作改动]

指 标	生长阶段		维持期（成熟期）	妊娠期	泌乳期
	7～23周龄	23周龄至成熟			
可消化蛋白质（克）	28～30	25	22	30	35
维生素A（国际单位）	66	66			
硫胺素（微克）	27	27			
核黄素（毫克）	0.1	0.1		0.15	0.15
泛酸（毫克）	0.2	0.2			
维生素B_6（微克）	50	50			
烟酸（毫克）	0.26	0.26			
叶酸（微克）	5.2	5.2			

表5-4 NRC（1982）银黑狐生长期平均每天代谢能和干饲料需要量

[引自美国 NRC（1982），略作改动]

指 标	周 龄							
	7	11	15	19	23	27	31	35
公								
体重（千克）	1.45	2.5	3.6	4.4	5.1	5.75	6.25	6.5
代谢能（兆焦）	1.154	1.881	2.257	2.575	2.667	2.404	2.090	2.040
干饲料需要量（克）：								
11.704兆焦/千克	99	161	193	220	228	205	179	174
14.212兆焦/千克	81	132	159	181	188	169	147	144
16.720兆焦/千克	69	113	135	154	160	144	125	122
母								
体重（千克）	1.35	2.3	3.25	3.95	4.6	5.1	5.4	5.5
代谢能（兆焦）	1.074	1.731	2.040	2.312	2.404	2.132	1.806	1.726

指　标	周　龄							
	7	11	15	19	23	27	31	35
干饲料需要量（克）：								
11.704兆焦/千克	92	148	174	198	205	182	154	148
14.212兆焦/千克	76	122	144	163	169	150	127	121
16.720兆焦/千克	64	104	122	138	144	128	108	103

表5-5　狐的饲养标准（每只每天）

（引自华盛，2009）

月份	银黑狐			北极狐		
	体重 （千克）	代谢能 （兆焦）	可消化蛋 白质（克）	体重 （千克）	代谢能 （兆焦）	可消化蛋 白质（克）
1	5.6	2.34	45～49	4.9	2.05	39～56
2	5.3	2.22	42～56	4.7	1.97	38～54
3	4.9	2.26	38～49	6.6	2.13	41～59
4	4.4	2.11	35～45	4.2	2.11	38～51
5	4.3	2.15	36～46	3.9	2.13	46～60
6	4.1	2.41	46～60	3.7	2.41	44～64
7	4.1	2.41	43～55	3.7	2.32	44～58
8	4.3	2.34	42～53	3.8	2.30	44～57
9	4.7	2.36	42～54	4.2	2.28	44～58
10	5.0	2.30	41～52	4.6	2.30	44～58
11	5.5	2.30	41～52	5.0	2.30	44～58
12	5.8	2.30	44～58	5.2	2.18	42～55

表5-6 幼狐的饲养标准（每只每天）

（引自汪恩强，2003）

月龄	黑银狐			北极狐		
	代谢能（兆焦）	可消化蛋白质（克）		代谢能（兆焦）	可消化蛋白质（克）	
		种用	皮用		种用	皮用
1.5~2	1.63~1.96	22.7~25.1	22.7~25.1	1.76~1.84	21.5~26.3	21.5~26.3
2~3	1.88~2.05	20.3~22.7	20.3~22.7	2.38~2.43	20.3~22.7	20.3~22.7
3~4	2.47~2.72	17.9~20.3	17.9~20.3	3.01~3.18	17.0~20.3	17.0~20.3
4~5	2.64~2.84	17.9~20.3	17.9~20.3	2.89~3.05	17.0~20.3	17.0~20.3
5~6	2.76~2.93	21.5~23.9	21.5~23.9	2.72~2.89	21.5~23.9	17.0~20.3
6~7	2.38~2.64	21.5~23.9	21.5~23.9	2.47~2.68	21.5~23.9	17.0~20.3
7~8	2.13~2.22	21.5~23.9	21.5~23.9	2.26~2.34	22.7~15.1	17.0~20.3

表5-7 育成狐的饲养标准（每只每天）

（引自汪恩强，2003）

狐别	月龄	不同体重的代谢能（兆焦）				可消化蛋白质（克，每0.1兆焦代谢能中）	
		5.0千克	5.5千克	6.0千克	7.0千克	种狐	皮用狐
银黑狐	1.5~2	1.46	1.55	1.63	1.76	2.27~2.51	2.7~251
	2~3	1.76	1.80	1.88	2.05	2.03~2.27	2.03~2.27
	3~4	2.22	2.34	2.47	2.7	1.79~2.03	1.79~2.03
	4~5	2.30	2.47	2.64	2.85	1.79~2.03	1.79~2.03
	5~6	2.34	2.55	2.76	2.96	2.15~2.39	1.79~2.03
	6~7	1.92~2.13	2.13~2.34	2.26~2.47	2.38~2.64	2.15~2.39	1.79~2.03
	7~8	1.72~1.88	1.88~2.09	2.05~2.26	2.13~2.34	2.15~2.39	1.79~2.03

狐别	月龄	不同体重的代谢能（兆焦）				可消化蛋白质（克，每0.1兆焦代谢能中）	
		5.0千克	5.5千克	6.0千克	7.0千克	种狐	皮用狐
北极狐	1.5～2	1.67	1.76	1.84	1.92	2.15～2.63	2.15～2.63
	2～3	2.09	2.38	2.43	2.59	2.03～2.27	2.03～2.27
	3～4	2.80	3.01	3.18	3.35	1.79～2.03	1.79～2.03
	4～5	2.72	2.89	3.05	3.26	1.79～2.03	1.79～2.03
	5～6	2.51	2.72	2.89	3.10	2.15～2.39	1.79～2.03
	6～7	2.30	2.47	2.68	2.85	2.15～2.39	1.79～2.03
	7～8	2.09	2.26	2.34	2.51	2.27～2.51	1.79～2.03

第二节 狐的饲料及营养特性

狐和其他动物一样，为了维持生命和繁衍后代，必须不断地从饲料中获得所需要的各种营养物质，如蛋白质，脂肪、碳水化合物、维生素、矿物质等。狐是以肉食性为主的杂食性动物，其饲料按照来源可分为动物性饲料、植物性饲料、矿物质饲料和添加剂饲料。

一、动物性饲料

狐的动物性饲料主要包括畜禽的肉及其加工副产品，鱼类及其他水产动物，乳品及蛋类等。

（一）肉类及骨类

肉类是营养价值很高的蛋白质饲料。狐对一般动物的肉类均可采食。瘦肉营养价值高，含有狐所需要的多种必需氨基酸，如赖氨酸、蛋氨酸、色氨酸、苯丙氨酸、亮氨酸、异亮氨酸、苏氨酸、缬氨酸、精氨酸等，还含有脂肪、矿物质和多种维生素，是狐较为理想的饲料原料。

新鲜肉类（经兽医检验合格后）应生喂，适口性强，消化率高，饲喂时可占日粮的20%左右。但来源不清、不够新鲜的肉类不能饲喂。鲜碎骨是狐肉类饲料的一部分，含粗蛋白约20%，具有较好的饲喂价值。用鲜碎骨及肋骨、骨架喂狐，可连同残肉一起粉碎饲喂，较大骨架可用高压锅或蒸煮罐高温软化后喂之。鲜骨喂给量一般占10%～20%。

（二）畜禽副产品

动物的头、四肢下端和内脏统称为副产品，是动物性蛋白质来源的一部分。除含有蛋白质外，还有丰富的钙、磷。

1. 肝脏 是狐理想的蛋白质饲料，含20%左右的蛋白质、5%左右的脂肪和丰富的维生素及矿物质等，对狐的生长发育、繁殖等均有非常重要的作用。鲜肝可以生喂。饲喂量占动物性饲料的10%～15%。由于肝脏有轻泻作用，饲喂时要注意逐渐加量，以免引起稀便。

2. 肾脏和心脏 含有丰富的维生素A、维生素B、维生素C，新鲜生喂时营养价值和消化率均很高。

3. 肺脏 因为含有较多的结缔组织，不易消化，矿物质含量也较少，营养价值和消化率都较低。肺脏对狐的胃肠道还有刺激作用，饲喂后易发生呕吐。应少量饲喂，一般占动物性饲料的5%～7%。

4. 胃、肠 均可喂狐，但营养价值不高，粗蛋白质的含量仅14%，脂肪1.5%～2.0%，维生素和矿物质含量更少。用新鲜的胃肠喂狐，虽适口性好，但因为胃肠里含有大量的病原微生物，所以一般需经灭菌、熟制后饲喂。饲喂量可控制在动物性饲料的 10% 左右。

5. 脑　畜、禽的脑含有大量的卵磷脂和各种必需氨基酸，对狐生殖器官的发育具有促进作用。在准备配种期和配种期喂给适量的畜禽脑效果较好。

6. 血　含有较高的蛋白质，但不易消化吸收。一般健康畜禽屠宰后不超过 6 小时的血，可以生喂，喂量一般不超过动物性饲料的 5%。

7. 头　兔、牛、羊的头也可以绞碎饲喂，一般喂量可占动物性饲料的 10%～15%，但在怀孕期和哺乳期不宜饲喂。

(三) 禽类加工副产品

禽类加工副产品包括禽类的头、骨架、内脏和血液等，主要包括鸡架、鸭架、鸡肝、鸡心、鸡头、鸡肠等产品，需要绞碎、均质后饲喂。山东省肉鸡、肉鸭养殖数量大，这类产品资源很丰富，适口性好，已在毛皮动物生产中广泛应用。这类饲料中蛋白质含量一般在 20% 以上，粗脂肪含量在 10%～20%。日粮中一般占动物性饲料的 30%～40%。但注意在狐繁殖期不能饲喂含激素的副产品（如含甲状腺、肾上腺等内分泌腺的组织）。

(四) 软体动物

软体动物包括河蚌、赤贝和乌贼类等，除含有蛋白质外，还含有丰富的维生素 A 和维生素 D。据测定，去壳的生蚌肉含蛋白质 6.8%、脂肪 0.8%、无氮浸出物 4.8%、灰分 1.5%。软体动物蛋白质属硬蛋白，消化率低，并含有硫胺素酶，所以应采取熟喂方式并限量。一般熟河蚌肉或赤贝占动物性蛋白质的 10%～15%，最大喂量不超过 20%。

（五）鲜鱼类及鱼排

鱼类饲料是狐蛋白质饲料的主要来源之一。我国沿海地区和内陆的江河、湖泊和水库，可提供大量的海杂鱼和淡水小型成鱼。除海豚、河豚等有毒的鱼类外，其他的部分鱼类都可作为狐的饲料。根据大小和种类不同，营养价值也有些不同。鱼类饲料蛋白质含量较高，而且氨基酸组成比较平衡；脂肪比较丰富，消化率几乎与肉类饲料相同。鱼类是狐常年必不可少的饲料。常用鱼类包括小黄花鱼、小偏口鱼、面条鱼、比目鱼、海鲶、黄姑鱼、红娘鱼、带鱼、鳗、明太鱼等。海杂鱼种类繁多，营养成分依其种类、年龄、捕获季节及产地等条件有很大差异。一般鲜鱼中，蛋白质的含量为 15%～20%，脂肪含量为 0.7%～13%。但多数淡水鱼中含有硫胺素酶，可破坏硫胺素（维生素 B_1），应蒸煮后饲喂。一般沿海地区狐日粮中海杂鱼的配比可达 30% 以上，而内陆地区则为 10% 左右。

鱼排主要为鳕、鲽等鱼的脊骨部分，属于渔业加工副产品。鱼排蛋白质含量一般为 20%～30%，但蛋氨酸、赖氨酸等必需氨基酸含量较低，钙、磷含量较高，一般含钙 12%～16%、磷 5%～8%。

（六）乳品和蛋类饲料

1. 乳品 包括牛、羊鲜乳，脱脂乳和乳粉等乳制品。乳制品饲料对狐的营养具有其突出的作用：①乳品类是营养价值极为丰富的饲料，富含有狐极易消化、吸收的多类营养物质（蛋白质、脂肪、维生素、矿物质等）；②乳品类饲料能有效地提高其他类饲料的消化率和适口性；③乳品类饲料是狐在繁殖期不可缺少的优质饲料，可有效促进母狐的泌乳和仔狐的生长发育。

牛乳和羊乳是繁殖期和生长发育期的优良蛋白质来源，在日粮中加入一定量的鲜乳，可以提高日粮的适口性和蛋白质的生物学价值。在妊娠期的日粮中加入鲜乳，有自然催乳的作用，可以提高母狐的泌乳能力，促进幼狐的生长发育。

鲜乳是细菌生长的良好环境，极易腐败变质，特别是在高温季节，如果不及时消毒，放置 4～5 小时就会酸败。将鲜乳加热至 70～80 ℃，经过 15 秒的消毒后再饲喂较安全。不经消毒或酸败变质的乳类，不能用来饲喂。

全脂乳粉含蛋白质 25%～28%，脂肪 25%～28%。1千克乳粉，可加水 7～8 千克，调制成复原乳，与鲜乳营养成分相近，只是维生素和糖类稍有损失。饲喂乳品饲料时，喂量不宜太大，因为乳中含有较多的无机盐，用量过大会引起腹泻。

2. 蛋类　以鸡蛋为主。蛋类几乎含有动物必需的所有营养素，一般含蛋白质 14% 左右，以卵白蛋白和卵黄磷蛋白为主，其中赖氨酸和蛋氨酸含量丰富。脂肪主要在卵黄中，含量占 30% 左右，易于消化吸收。在准备配种期，给公狐饲喂少量蛋类可提高精液品质，增强精子活力。妊娠母狐日粮中搭配 8%～10% 的蛋类，对胚胎发育有显著作用。由于生蛋中含有抗生物素蛋白，能破坏生物素，不利于蛋白质的消化吸收；另外，蛋类可能含有病原微生物，因此蛋类饲料一般都是高温熟制后再饲喂。无论是鲜蛋、无精蛋、毛蛋，都可作为狐的饲料。

（七）干制动物性饲料

干动物性饲料的优点是便于运输、贮存，同时可以满足鱼、肉生产淡季或缺少饲料资源地区对动物性饲料的需求。干制动物性饲料品种很多，如鱼粉、鱼干、血粉、肝渣、骨肉粉、羽毛粉等。

1. 鱼粉　蛋白质含量和营养价值较高。生产实践中又习惯将其分为优质鱼粉和普通鱼粉。优质鱼粉是以优质鱼为原料，采用现代加工设备和工艺生产的，营养丰富，有效成分损失少；普通鱼粉主要以水产品加工厂的副产品，如鱼骨、鱼头和鱼的其他废弃物加工而成，一般灰分含量较高、蛋白质含量低。总之，鱼粉由于产地、加工方法和原料来源的不同，质量差别较大。我国鱼粉资源丰富，是狐配合饲料的重要原料。鱼粉蛋白质含量通常在60%以上，氨基酸组成合理，适口性好，利用率高。此外，还含有丰富的矿物质和维生素，尤其是B族维生素含量高，属于狐的优质饲料原料。鱼粉喂量可占动物性饲料的30%～40%。若饲喂优质鱼粉，夏季银黑狐和北极狐饲料中的鱼粉含量可占动物蛋白的70%，冬季可占30%～50%。鱼粉易受潮而发生霉变，所以在运输贮藏过程中，要注意防潮并防止鼠害。优质鱼粉必须松散，没有团块，颜色为浅灰色或淡黄色，具有特殊的鱼香味。

2. 干鱼　因为在加工干制的过程中，某些必需氨基酸和脂肪酸、维生素等营养物质遭到破坏，因此，干鱼的营养价值和消化率均低于鲜鱼。在鲜鱼生产淡季或动物性饲料难以获得的地区，可以使用干鱼来养狐。饲喂量一般可占动物性饲料的70%～75%，干鱼晾制前一定要保证新鲜，防止腐烂变质。干鱼在喂狐时，尤其是在配种、妊娠、泌乳等关键时期，应搭配适当比例鲜动物性饲料，同时增加一些酵母、B族维生素、鱼肝油和维生素A、维生素E等的供给，这样才可以达到理想效果。

3. 肝渣粉 生物制药厂利用牛、羊、猪的肝脏提取B族维生素和肝浸膏等的副产品，经过干燥粉碎后就是肝渣粉。其营养物质含量为水分7.3%，粗蛋白质65%～67%，粗脂肪4%～5%，无氮浸出物8.8%，灰分3.1%。肝渣粉可以与其他动物性饲料搭配饲喂。因为肝渣粉不易消化，所以喂量过大能引起腹泻。一般在繁殖期可占动物性饲料的8%～10%，幼龄动物育成期和毛绒生长期占20%～25%。

4. 骨肉粉 由家畜躯体、骨头、胚胎、内脏及其他废弃物制成，也可用非传染病死亡的动物胴体制成。我国山东西部、河北南部、江苏和皖北等地由于养山羊较多，常将羊羔肉搅碎晒干，做成肉骨粉或骨肉粉，营养价值很高，粗蛋白质的含量为54%～56%，粗脂肪为5%～7%，赖氨酸3%～6%，烟酸、B族维生素丰富，可在狐日粮中占动物蛋白的20%～25%。

5. 血粉 由畜禽屠宰厂收集到的动物鲜血加工干燥制成，其粗蛋白质含量在80%以上，高于鱼粉、肉粉。血粉中赖氨酸、色氨酸含量很高，但所含氨基酸平衡性差，适口性差，消化率低。

6. 羽毛粉 由家禽的新鲜羽毛及不适宜作羽绒制品的原料经高温高压处理粉碎后制成，含丰富的胱氨酸、谷氨酸、丝氨酸，这些氨基酸是毛绒生长所必需的。主要用于幼狐绒毛的生长期。一般占日粮动物性饲料的1%～2%。由于羽毛粉含角蛋白过多，不易消化，所以不能作为狐的主要蛋白饲料。

（八）饲料酵母

饲料酵母是酿酒、制糖、造纸、食品等工业的废水、废液经过微生物发酵、浓缩、分离干燥而制成的。饲料酵母的蛋白质含量很高，可达 40％以上。酵母能使胃肠中的消化酶稳定，并且氨基酸齐全，含有丰富的 B 族维生素，容易被狐消化吸收，是狐的一种常年不可缺少的优质饲料。

二、植物性饲料

植物性饲料一般包括谷实类、糠麸类、饼粕类和蔬菜水果类，是狐碳水化合物、能量和维生素的主要来源，也是狐日粮的主要组成部分。为了提高饲料利用率，有利于消化吸收，通常把谷实和饼粕类粉碎成细粉，再经过熟化调制，与动物性饲料配合成日粮饲喂。蔬菜、水果等青绿饲料一般经过切碎，加在日粮中生喂。

1. 膨化玉米 玉米淀粉含量在 70％以上，能量含量高。但由于狐体内淀粉酶活性低，难以对淀粉进行消化吸收，必须进行膨化处理。膨化玉米色泽淡黄，淀粉经过高温处理，糊化度在 90％左右，适口性好，消化率高。

2. 膨化小麦 小麦的有效能低于玉米，但蛋白质含量比玉米高。经过膨化后，淀粉糊化，外观呈茶褐色，适口性好，可破坏阿拉伯木聚糖等抗营养因子，提高养分消化率。

3. 膨化大豆 大豆蛋白质含量高达 38％，且必需氨基酸含量高，粗脂肪含量高达 17％以上。但生大豆中含有胰蛋白酶抑制因子等多种抗营养因子，可抑制蛋白质的消化吸收，影响毛皮动物的生长发育。生产中通常将大豆膨化后饲喂。膨化大豆通常水分含量在 12% 以下，蛋白质含量在 35% 以上，脂肪含量在 16% 以上。膨化大豆适口性好，营养价值高，是毛皮动物的优质饲料原料。

4. 糠麸类饲料 糠麸类是谷类饲料的加工副产品，主要包括米糠和麸皮。此类饲料蛋白质含量在 16% 左右，但粗纤维含量稍高。

5. 蔬菜水果类 常用的蔬菜有白菜、油菜、菠菜、甘蓝、胡萝卜、萝卜、南瓜、苹果等。此类饲料水分含量高，青绿多汁，富含多种维生素和矿物质，但蛋白质和能量含量较低，喂量应控制在 10% 以下。宜洗净后绞碎，与饲料混合后饲喂。

三、饲料添加剂

饲料添加剂指各种用于强化饲养效果，有利于配合饲料生产和贮存的添加剂原料及其配制产品。饲料添加剂添加量少，但少量应用即可提高饲料利用率，促进动物生长和防治动物疾病，减少饲料贮藏期间营养物质的损失以及改进产品品质。目前，应用于毛皮动物饲料中的添加剂，主要包括氨基酸类、微量元素类、维生素类、抗生素类、酶制剂、微生态制剂、寡糖类、酸化剂、抗氧化剂、防霉剂等产品。

第三节　狐的日粮配制关键技术

日粮是指一只狐在一昼夜（24 小时）内所采食的各种饲料组分的总量。狐的日粮是以狐在不同生理阶段对不同营养物质的需要量为标准，根据各种饲料的营养成分含量，科学配合得到的。这个配合比例就是饲料配方。配制合理的日粮不仅能满足狐对所需营养物质的需要，提高饲料效率，而且能改善个别饲料的适口性，使不能单独饲喂的饲料也能被充分合理地利用。各种饲料的合理配合，还可以充分利用饲料资源，降低饲养成本，提高经济效益。任何一种单一饲料，都不能满足动物对各种营养物质的需要。因此，必须将多种饲料进行合理搭配，并适当加工调制，才能使各种营养达到平衡和被充分利用。

狐日粮所需要的饲料种类以及所占比例一般是：植物性饲料中的谷实类饲料选2～3种或以上，占日粮的30％～40％；油饼类饲料选1～2种或以上，占日粮的10％～20％；蔬菜水果类饲料选1～2种或以上，占日粮的5％～15％。动物性饲料应选2～3种或以上，占日粮的30％～50％；动物性饲料来源广且价格便宜的地区，还可以适当加大比例。添加剂饲料应选2～3种或以上，微量元素和维生素等添加剂可根据需要添加。

一、日粮配制要求

① 狐属于肉食性的毛皮动物，对动物性饲料消化能力强，对植物性饲料消化能力弱。因此，狐日粮要以动物性饲料为主，其余为谷物性饲料及蔬菜。

② 狐不同生物学时期营养需要不同，一般繁殖季节高于非繁殖季节，日粮要全价、适口性好。换毛期及育成期能量需要高，因此日粮中脂肪和碳水化合物含量要高。

③ 根据狐的营养需要，结合当地饲料资源配合日粮。

尽可能充分利用当地资源，就地取材，以降低成本。饲料品种应多样，品质要新鲜。

④ 尽量做到多种饲料混合搭配，以提高日粮的营养价值。同时也应注意保持饲料种类的相对稳定，防止因主要饲料品种突变，影响适口性。

二、日粮配制原则

设计饲料配方，要求所含养分能够满足狐的营养需要，各种饲料的用量应符合狐的消化生理和生产特点，所用饲料没有毒害作用。对于含有毒害物质的饲料，必须严格控制喂量。饲料原料成本低，而且能在较长时间内稳定供应。设计饲料配方一般要遵循以下原则。

1. 科学性与先进性原则　饲料配合的理论基础是现代动物营养与饲料科学，饲养标准则概括了其基本内容，列出了动物在不同生长阶段和生产水平下对各种营养物质的需要量，是设计饲料配方的科学依据；饲料营养价值表是选择饲料种类的重要参考。设计饲料配方时，必须根据不同生长阶段狐的营养需要和饲料的营养价值合理确定各种饲料的用量和配合比例。

2. 生理性原则　饲料的适口性和体积必须与狐的消化生理特点相适应。饲料的适口性直接影响狐的采食量，如菜籽粕适口性较差，配比不能过高，否则影响采食量，若与鱼粉、豆饼等优质蛋白质饲料合用，则可提高适口性，提高日粮的消化率和营养价值。狐对粗纤维消化率低，粗纤维含量高的饲料也不能配比过高。

3. 经济性和市场性原则　养狐生产中，饲料费用占养殖总成本的 70%～80%。配合日粮时，要因地制宜、就地取材，充分开发利用当地的饲料资源，巧用饲料，降低成本。饲料配方应从经济、实用的原则出发。生产中是否采用高投入、高产出或低投入、低产出的饲养策略，主要取决于市场需求。当市场饲料原料价格低廉而产品售价较高时，则应设计高档次的饲料产品，追求较好的饲养效果和较高的饲料转化率。

4. 安全性和合法性原则　饲料配方选用的饲料原料，尤其是饲料添加剂，必须安全第一，禁止使用发霉、变质、酸败、含有毒害物质的不合格饲料原料。各种饲料原料和饲料添加剂应严格按照国家有关规定选用。合法性即配方设计应符合国家有关规定，不仅要符合饲养标准的要求，还必须严格遵守国家有关饲料标准和法规，防止违规生产。

三、日粮配方设计方法

设计狐日粮配方的方法很多，比较先进的是利用电子计算机和配方软件，能很快筛选出最佳的饲料配方。个体养殖户和一般的小型养殖场常用"试差法"来制定日粮配方。

（一）试差法

试差法也称凑数法，是目前中小型饲料企业和养殖场（户）经常采用的方法。用试差法计算饲料配方的方法是：首先根据配合饲粮的一般原则或以往经验自定一个饲料配方，计算出该配方中各种营养成分的含量，再与饲养标准或自定的营养需求进行比较，根据原定配方中养分的余缺情况，调整各类饲料的用量，直至各种养分含量符合要求为止。这种方法简单易学，尤其是对于配料经验比较丰富的人，非常容易掌握。缺点是计算量大，尤其当自定的配方不够恰当或饲料种类及所需营养指标较多时，往往需反复调整各类饲料的用量，且不易筛选最佳配方，成本也可能较高。下面举例说明。

【例1】 用玉米、豆饼、小麦麸、进口鱼粉、牛肝、牛乳、白菜、胡萝卜、骨粉为北极种狐（2月）配制日粮。方法步骤如下（改自王忠贵，2003）。

第一步，查饲养标准和饲料营养成分。从狐的饲养标准查出该时期狐的营养需要和饲料营养成分，列入表5-8。

表5-8 饲料营养成分和饲养标准

饲料种类	代谢能（兆焦，每100克）饲料中	粗蛋白（%）	钙（%）	有效磷（%）
玉米	1 406	8.60	0.04	0.06
豆饼	1 105	43.00	0.32	0.15
麦麸	0.657	14.40	0.18	0.23
进口鱼粉	1.213	62.00	3.91	2.90
牛肝	0.582	19.80	0.004	0.252
牛乳	0.226	3.00	0.104	0.073
饲料酵母	0.920	41.30	2.20	2.92
大白菜	0.063	1.40	0.035	0.028
胡萝卜	0.18	1.40	0.032	0.016
骨粉			36.40	16.40
每日每只狐营养标准	1.65~1.8	39~44	1.5~2.0	0.8~1.5

第二步，自定饲料配方。根据配方经验或一般原则，确定各种饲料的比例。如玉米15%～30%，麦麸10%～15%，豆饼8%～15%，鱼粉5%～15%，牛肝5%～15%，饲料酵母10%～15%，鲜牛乳10%～15%，大白菜5%～

15%，骨粉、食盐等 1%～2%。初步拟定各原料的配合比例，画出配料表格，然后进行试配，并计算出配方的营养水平（表 5-9）。

表 5-9　初步拟定配方及营养水平

饲料 （克）	配比 （%）	代谢能（兆焦， 每 100 克饲料）	粗蛋白 （%）	钙 （%）	有效磷 （%）
玉米	16	1.406×0.16=0.224 96	8.6×0.16=1.376	0.04×0.16=0.006	0.06×0.16=0.010
豆饼	8	1.105×0.08=0.088 40	43.0×0.08=3.440	0.32×0.08=0.026	0.15×0.08=0.012
麦麸	12	0.657×0.12=0.078 84	14.4×0.12=1.728	0.18×0.12=0.022	0.23×0.12=0.028
进口鱼粉	13	1.213×0.13=0.157 69	62.0×0.13=8.060	3.91×0.13=0.508	2.90×0.13=0.377
牛肝	12	0.582×0.12=0.069 84	19.8×0.12=2.376	0.004×0.12=0.000 5	0.252×0.12=0.030
牛乳	12	0.226×0.12=0.027 12	3.0×0.12=0.360	0.104×0.12=0.012	0.073×0.12=0.009
饲料酵母	14	0.92×0.14=0.128 80	41.3×0.14=5.782	2.20×0.14=0.308	2.92×0.14=0.409
大白菜	12	0.063×0.12=0.007 56	1.4×0.12=0.168	0.035×0.12=0.004	0.028×0.12=0.003
胡萝卜	1	0.180×0.01=0.001 80	1.4×0.01=0.014	0.032×0.01=0.000 3	0.016×0.01=0.000 2
合计	100	0.785 01 (1.640 67)	23.304 (48.710)	0.887 (1.850)	0.878 (1.840)

第三步，调整配方。首先考虑调整能量和蛋白质，使其符合标准。方法是降低配方中某种原料的比例，同时增加另一原料的比例，即用一定比例的某种原料替代另一种原料。经过计算，把得到的结果与饲养标准对照，若不合适重新调整比例，直到满意为止。与标准相比，一般上下浮动不超过5%均为合格。如配方的代谢能不足，应提高能量饲料（如玉米）配比，如粗蛋白质偏低，则增加蛋白质饲料（如豆饼、鱼粉、鱼类、肉类等）的用量；通过增减骨粉来调整钙、磷含量（表 5-10）的高低。

表 5 - 10　饲料所含干物质计算

饲　料 （克）	含干物质 （%）	组成比例 （%）	共含干物 质数量（克）
玉　　米	88.4	16	88.4×0.16＝14.14
豆　　饼	90.6	8	90.6×0.08＝7.25
麦　　麸	88.6	12	88.6×0.12＝10.63
进口鱼粉	89.0	13	89.0×0.13＝11.57
牛　　肝	31.3	12	31.3×0.12＝3.76
牛　　乳	10.2	12	10.2×0.12＝1.22
饲料酵母	91.9	14	91.9×0.14＝12.87
大白菜	4.9	12	4.9×0.12＝0.59
胡萝卜	12.9	1	12.6×0.01＝0.13
合　　计		100	62.16

此时期每只狐每日的干饲料应为 130 克，而表 5 - 10 中的饲料共含干物质 62.16 克，130÷62.16＝2.09。因此，表中各项的合计数值均需乘以 2.09，即表 5 - 9 中括号内的数值（每只狐狸每日的营养水平），将数值与该时期的饲养标准相对照（表 5 - 11）。

表 5 - 11　计算结果与营养需要对照

营养成分	代谢能（兆焦， 每 100 克饲料中）	粗蛋白 （%）	钙 （%）	有效磷 （%）
计算结果	1.640 67	48.71	1.85	1.84
营养标准	1.65～1.8	39～44	1.5～2.0	0.8～1.5

对比发现代谢能偏低，而粗蛋白质略高一些，钙的水平在标准范围内，磷多了一点。因此，需要调整各种饲料的比例：增加能量饲料，减少蛋白质饲料。调整情况可见

表 5 - 12。

表 5 - 12　第一次调整后饲料配比及营养水平

饲料品种（克）	组成比例（%）	代谢能（兆焦，每100克饲料中）	粗蛋白（%）	钙（%）	有效磷（%）
玉米	20	1.406×0.20=0.281 20	8.6×0.20=1.720	0.04×0.20=0.008	0.06×0.20=0.012
豆饼	10	1.105×0.10=0.110 50	43.0×0.10=4.300	0.32×0.10=0.032	0.15×0.10=0.015
麦麸	12	0.657×0.12=0.078 84	14.4×0.12=1.728	0.18×0.12=0.022	0.23×0.12=0.028
进口鱼粉	12	1.213×0.13=0.157 69	62.0×0.12=7.440	3.91×0.12=0.469	2.90×0.12=0.348
牛肝	12	0.582×0.12=0.069 84	19.8×0.12=2.376	0.004×0.12=0.000 5	0.252×0.12=0.030
牛乳	10	0.226×0.10=0.022 60	3.0×0.10=0.300	0.104×0.10=0.010	0.073×0.10=0.007
饲料酵母	15	0.92×0.15=0.138 00	41.3×0.15=6.200	2.20×0.15=0.330	2.92×0.15=0.438
大白菜	8	0.063×0.08=0.005 04	1.4×0.08=0.112	0.035×0.08=0.003	0.028×0.08=0.002
胡萝卜	1	0.180×0.01=0.001 80	1.4×0.01=0.014	0.032×0.01=0.000 3	0.016×0.01=0.000 2
合计	100	865.51（1 679.09）	24.190（46.930）	0.875（1.700）	0.880（1.710）

经计算，表 5 - 12 中各种饲料所含的干物质为 67.14 克，130÷67.14＝1.94（倍）。因此，表 5 - 12 中各项的合计数均需乘以 1.94，即表 5 - 12 中括号内的数值。与该时期的饲养标准相对照，代谢能和钙的水平符合标准，但粗蛋白和磷的水平仍然偏高，所以还要继续调整。最后调整的结果见表 5 - 13。

表 5 - 13　最后确定的饲料配比及营养水平

饲料品种（克）	组成比例（%）	代谢能（兆焦，每100克饲料中）	粗蛋白（%）	钙（%）	有效磷（%）
玉米	30	1.406×0.30=0.421 80	8.6×0.30=2.580	0.04×0.30=0.012	0.06×0.30=0.018
豆饼	10	1.105×0.10=0.110 50	43.0×0.10=4.300	0.32×0.10=0.032	0.15×0.10=0.015
麦麸	10	0.657×0.10=0.065 70	14.4×0.10=1.440	0.18×0.10=0.018	0.23×0.10=0.023

饲料品种（克）	组成比例（%）	代谢能（兆焦，每100克饲料中）	粗蛋白（%）	钙（%）	有效磷（%）
进口鱼粉	13	1.213×0.13=0.157 69	62.0×0.13=8.060	3.91×0.13=0.508	2.90×0.13=0.377
牛肝	10	0.582×0.10=0.058 20	19.8×0.10=1.980	0.004×0.10=0.000 4	0.252×0.10=0.025
牛乳	8	0.226×0.08=0.018 08	3.0×0.08=0.240	0.104×0.08=0.008	0.073×0.08=0.006
饲料醇母	13	0.920×0.13=0.119 60	41.3×0.13=5.370	2.20×0.13=0.286	2.92×0.13=0.380
大白菜	5	0.063×0.05=0.003 15	1.4×0.05=0.070	0.035×0.05=0.002	0.028×0.05=0.001
胡萝卜	1	0.180×0.01=0.001 80	1.4×0.01=0.014	0.032×0.01=0.000 3	0.016×0.01=0.000 2
合计	100	0.956 52 (1.721 74)	24.054 (43.300)	0.867 (1.561)	0.845 (1.521)

第四步，确定配方。经计算，表5-13中各种饲料所含的干物质为72.29克，130÷72.29＝1.80（倍）。表5-13中各项的合计数均需乘以1.80，即表5-13中括号内的数值。与该时期的饲养标准相对照，各项指标都符合饲养标准。

经过多次调整，北极狐种狐2月的日粮配方就确定下来了，见表5-13。由于钙和磷的含量达到了标准，所以无需加入骨粉；鱼粉中含有一定的盐分，足够狐需要，也不需要另外加盐。根据饲养的总数量算出全场狐当月所需要的饲料总量，列出饲料单（表5-14）。

表5-14 北极狐种狐2月饲料单

饲料品种（克）	组成比例（%）	每只需要量（克/天）	每月需要量（克，28天）	全场狐狸日需要量（千克，每100只）	全场狐狸月需要量（千克，每100只）
玉米	30	54	1 512	5.40	151.2
豆饼	10	18	504	1.80	50.4
麦麸	10	18	504	1.80	50.4

饲料品种（克）	组成比例（%）	每只需要量（克/天）	每月需要量（克，28天）	全场狐狸日需要量（千克，每100只）	全场狐狸月需要量（千克，每100只）
进口鱼粉	13	23.4	655	2.34	65.5
牛肝	10	18	504	1.80	50.4
牛乳	8	14.4	403	1.44	40.3
饲料酵母	13	23.4	655	2.34	65.5
大白菜	5	9	252	0.90	25.2
胡萝卜	1	1.8	50	0.18	5.0
合计	100	180	5 039	18	503.9

（二）热量配比法

热量配比法即以狐每天所需要的代谢能为基础来选用和搭配各种饲料原料，同时计算出其中所含的可消化蛋白质的含量，有时还要计算出可消化脂肪和碳水化合物的含量。一般先确定1份（0.418兆焦）代谢能中各种饲料所占的比例和相应的饲料质量，然后再按日粮总能量（即总份数）计算出日粮中各种饲料用量。为了使日粮中所含的蛋白质达到要求，还需对必需氨基酸含量进行计算和分析，以便根据情况来调整饲料原料的种类和比例。对不含能量的添加剂和能值很低的原料，可按狐的体重或数量计量加入。

【例2】 拟定狐妊娠期饲料配方。

第一步，查狐的饲养标准（表5-15）得知妊娠母狐的日粮代谢能为2.1～2.2兆焦，可消化蛋白质为55～57克。根据原料情况，先把0.418兆焦的代谢能（拟定值）分摊到原料上，如海杂鱼0.176 2兆焦，熟猪肉0.068 04兆焦，猪肝 0.033 04 兆焦，牛乳 0.030 76 兆焦，玉米 0.082 46 兆焦，白菜 0.012 3 兆焦，饲料酵母 0.014 82 兆焦。热量法配料见表 5 - 15。

表 5 - 15 热量法配料

原 料	代谢能（兆焦）	用量（克）	可消化蛋白质（克）
海杂鱼	0.176 20	50.20	6.93
熟猪肉	0.068 04	5.61	1.30
猪肝	0.033 04	6.65	1.15
牛乳	0.030 76	11.14	0.32
玉米	0.082 46	7.74	0.50
大白菜	0.012 30	21.06	0.21
饲料酵母	0.014 82	1.61	0.61
合计	0.417 62	104.01	11.02

第二步，根据代谢能的分摊情况，参照饲料营养成分表，计算出各种原料的用量（克）。由海杂鱼提供的 0.176 2 兆焦的代谢能，每 100 克海杂鱼的代谢能为 0.351 兆焦，每克海杂鱼的代谢能为 0.003 5 兆焦，则海杂鱼的用量为 176.2/3.51＝50.20（克）。依此法计算出各原料的用量（克），见表 5 - 15。

第三步，计算 0.418 兆焦饲料代谢能中可消化蛋白质的量。查表可知，每 100 克海杂鱼可消化蛋白质为 13.8 克，50.20×13.8%＝6.93（克）。依法可算出其他原料中可消化蛋白质的量（表 5 - 15）。

第四步，计算 1 只狐的日粮和营养含量。拟定 1 只狐每天的日粮代谢能为 2.13 兆焦，则每天需要的海杂鱼量为 2.13 兆焦/0.418 兆焦×50.2 克＝255.8 克，依此法可以计算出其他原料的日需要量（表5-16）。

查表可知，每100克海杂鱼中含可消化蛋白质13.8克，则255.8克海杂鱼中含可消化蛋白质35.30克。依此法可计算出其他原料中的可消化蛋白质含量，各原料中可消化蛋白质含量合计56.18克（表5-16）。经计算可知，日粮中的主要营养成分符合妊娠母狐营养需要。在此基础上，为每只狐添加矿物质和维生素，即全价日粮。每只狐日粮中的原料和营养含量见表5-16。

表5-16　日粮中的原料和营养含量（以1只狐计算，克）

原　料	0.418兆焦代谢能所需原料量	2.13兆焦代谢能所需原料量	530.04克日粮含可消化蛋白质
海杂鱼	50.20	255.80	35.30
熟猪肉	5.61	28.61	6.61
猪肝	6.65	33.90	5.87
牛乳	11.14	56.79	1.65
玉米	7.74	39.42	2.56
白菜	21.06	107.31	1.07
饲料酵母	1.61	8.21	3.12
合计	104.01	530.04	56.18

（三）重量配比法

此法比较简单而且实用，适于养殖专业户应用。以每只狐1天所需的混合饲料量为基础进行计算，其中包括调制饲料过程中加入的水分。在计算日粮中可消化养分时，一般只对可消化蛋白质和代谢能的含量进行计算。如果饲料来源比较稳定，原料配比无变化，则配方并不需要经常进行计算。

【例3】 仍以妊娠母狐的饲料配方为例加以说明（设日粮量为530克，可消化蛋白质56克左右）。

第一步，将530克日粮当做100%，根据原料情况确定其用量的百分比，各原料的百分比相加为100%。质量法配料见表5-17。

表5-17　质量法配料

原　料	100克配料中各种原料的比例（%）	530克日粮中各种原料的用量（克）	530克日粮含可消化蛋白质（克）
海杂鱼	48.1	254.93	35.18
熟猪肉	5.6	29.68	6.86
猪肝	6.6	34.98	6.05
牛乳	11.0	58.30	1.69
玉米	7.3	38.69	2.51
白菜	20.0	106.00	1.06
饲料酵母	1.4	7.42	2.82
合计	100	530	56.17

第二步，计算各原料在日粮中的用量及日粮中可消化营养物质的含量。求出日粮中可消化营养物的量后，就可进一步计算日粮中所含的代谢能了。方法是查饲料营养成分表，可知100克海杂鱼中可消化蛋白质13.8克（13.8%），日粮中用254.93克海杂鱼，计算得出可消化蛋白质为35.18克。以此法可得其他原料中可消化蛋白质的量。各数相加即日粮中可消化蛋白质的总量。用此法可分别求出日粮中可消化脂肪和可消化碳水化合物的总量。

求出日粮中的可消化营养物质后，就可进一步计算日粮中所含的代谢能了。其计算公式为：可消化蛋白质×0.018 81

兆焦＋可消化脂肪×0.038 87兆焦＋可消化碳水化合物×0.017 14兆焦，计算出妊娠期狐日粮的代谢能2.109兆焦，基本符合要求。每只狐日粮中原料和营养成分含量见表5-18。

表5-18　日粮中的原料和营养含量（以1只狐计算）

原　料	100克配料中各种原料的比例（%）	530克日粮中各种原料的用量（克）	530克日粮含可消化蛋白质（克）	530克日粮中可消化脂肪（克）	530克日粮中可消化碳水化合物（克）
海杂鱼	48.1	254.93	35.18	5.86	
熟猪肉	5.6	29.68	6.86	5.94	
猪肝	6.6	34.98	6.05	1.15	
牛乳	11.0	58.30	1.69	1.92	3.15
玉米	7.3	38.69	2.51	1.24	18.38
白菜	20.0	106.00	1.06	0.11	2.23
饲料酵母	1.4	7.42	2.82	0.38	
合计	100	530	56.17	16.60	23.75

第三步，在表5-18的基础上，再加上妊娠狐所需的矿物质和各种维生素，即达全价要求。添加方法与种类同热量法。

第六章
狐饲养管理关键技术

狐在长期进化过程中，其生命活动呈现明显的季节性变化。例如春季繁殖交配，夏、秋季哺育幼仔，入冬前蓄积营养并长出丰厚的毛被等。依据狐一年内不同的生理特点和营养需要特点，为了饲养管理上的方便，将狐划分为不同的生物学时期（表6-1）进行饲养管理。

表6-1　狐生物学时期的划分

（引自白秀娟，2002）

类　别	月　份											
	2	3	4	5	6	7	8	9	10	11	12	1
种公狐	配种期		恢复期					准备配种期				
种母狐	配种、妊娠期		泌乳期		恢复期			准备配种期				
幼狐			哺乳期		育成期							

必须强调的是，狐各生物学时期有着内在的联系，不能把各个生产时期截然分开。只有重视每一时期的管理工作，狐的生产才能取得良好成绩。如在准备配种期饲养管理不当，尽管在配种期加强了饲养管理，且增加了很多动物性饲料，但还是很难取得好的饲养效果。

第一节　繁殖期的饲养管理

一、准备配种期饲养管理

从 8 月底至翌年 1 月中旬配种之前为准备配种期，这个时期约 5 个月之久。根据光周期规律和生殖器官发育的特点，为了管理方便，又分为准备配种前期（8 月底到 11 月中旬）和准备配种后期（11 月中旬到 1 月中旬）。

（一）准备配种期的饲养

成年种狐由于经历了前一个繁殖期，体质仍然较差，而育成种狐（后备种狐）仍处于生长发育阶段。因此，在准备配种前期，饲养上应以满足成年狐体质恢复、促进育成种狐的生长发育、有利于冬毛成熟为重点。准备配种后期的任务是平衡营养，调整种狐的体况，从 12 月到翌年 1 月，种狐要保持中上等水平。

此期日粮供给方面，要求饲料营养全价，品种保持相对稳定，品质新鲜，适口性强，易消化。特别应注重供给种狐易消化、蛋白质含量高的饲料，以利于性腺发育。日粮中银黑狐需要可消化蛋白质 40～50 克，脂肪 16～22 克，碳水化合物 25～39 克，代谢能为 0.001 97～0.002 30 兆焦；北极狐分别为 47～52 克、16～22 克、25～33 克和 0.002～0.002 64 兆焦。日粮配合时，动物性饲料占 60%，到配种前动物性饲料应增到 65%，谷物饲料约占 23%，果菜类占 8% 左右，还应注意多种维生素和矿物质元素的补充，一般每只每天可补喂维生素 A 1 600～2 000 国际单位、B 族维生素 220 毫克、维生素 E 10 毫克。每天可饲喂 2 次，日采食量 0.4 千克左右。

此期日粮如果不全价或数量不足，将导致种狐精子和卵子生成障碍，并影响母狐的妊娠、分娩。

（二）准备配种期的管理

1. 筛选种狐 根据预留种狐的健康状况、外生殖器官的发育成熟情况、是否存在怪癖、对寒冷气候的抵抗状况、鼻镜色素沉积情况以及性情是否温驯等对种狐进行进一步筛选。此外，避免选择体型最大的动物留作种用，一般来讲，体型越大，繁殖力越低。在对种狐选择的过程中，应避免过分关注某一单一性状，综合评估对整个种群更有意义。

2. 体况调整 种狐的体况与繁殖力有密切关系，过肥或过瘦都会严重影响繁殖。应随时调整种狐体况，严格控制两极发展。结合饲料配方与采食量对种狐体况进行调整，在准备配种期末期保证母狐体况中等或中等偏下，公狐体况中等偏上。体况调整，北极狐难度大于银狐，银狐不像北极狐那么容易囤积脂肪，北极狐从秋季起开始囤积脂肪，所以从秋季开始，要注意避免将北极狐饲喂得过肥，否则准备配种期体况调整难度将加大。

在养狐生产中，种狐体况鉴定一般在 12 月开始，方法主要是以目测、手模为主，并结合称重进行。

（1）触摸法 通过触摸狐的背部、后腹部和肋部判断种狐体况，过肥的狐背平，肋骨不明显，后腹部浑圆肉厚；过瘦的狐，脊椎肋骨凸起，后腹空松；中等体况介于两者之间。

（2）**体重法** 银狐中等体况，一般公狐6～7千克，母狐5.5～6.5千克；芬兰原种北极狐，公狐12～15千克，母狐8～10千克；用体重指数的方法来确定体况比较准确，银狐体指数为90～100克/厘米，北极狐体指数100～110克/厘米。

（3）**目测法** 观察狐体躯，特别是根据后躯的丰满度、运动的灵活度、皮毛的光亮度，以及精神状态等来判定狐的体况。

对于体况过肥的种狐，要及时"减肥"。如果场区中，因秋季饲喂食物过分充足，肥胖种狐比例达到半数左右，则应调整饲料能量，在保证蛋白质、维生素和微量元素等的供给前提下降低能量饲料比例，饲料的喂量不做大幅度调整。同时借助准备配种期的低温天气，只做简单保温措施或不做保温措施，促进自体脂肪（尤其是北极狐）的消耗。采取饥饿减肥等极端方法对狐的健康很不利，饥饿减肥法容易导致狐蛋白、维生素等营养缺乏，出现营养代谢性疾病，长久饥饿还容易导致狐胃溃疡甚至胃穿孔。

3. 驱虫与免疫 参考生长期驱虫免疫程序进行。另外，本时期应对母狐注射加德纳疫苗，这对预防加德纳氏菌引起的流产空怀效果显著。

4. 适当光照 光照有利于狐性器官的发育，有利于发情和交配，但没有规律的增加光照或减少光照都会影响狐生殖器官的正常发育和毛绒的正常生长。为促进种狐性器官的正常发育，要把所有种狐放在朝阳的自然光下饲养，不能放在阴暗的室内或小洞内。

5. 防寒保暖 准备配种后期气候寒冷，特别是北方，为减少种狐抵御外界寒冷而过多消耗营养物质，必须注意加强对小室的保温工作，保证小室内有干燥、柔软的垫草，并用油毡纸、塑料布等堵住小室的空隙。对于个别在小室里排便的狐，要经常检查和清理小室，勤换或补充垫草。

6. 加强驯化 通过食物引逗等方式进行驯化，使狐不怕人，这对繁殖有利，尤其是声音驯化更显重要。

7. 异性刺激 准备配种期后期，可将公狐安置在母狐笼的中间，增加异性接触时间和异性气味刺激，促进发情。也可以在准备配种期末期和配种期将公狐母狐混合圈养，通过"跑狐"促进发情。即使每年外送输精的养殖场，也建议取皮季节不要将公狐全部取皮，可留下几只公狐在准备配种期促进母狐发情。

8. 做好配种前的准备工作 银黑狐在1月中旬，北极狐在2月中旬以前，应周密做好配种前的一切准备工作，维修好笼舍，编制配种计划和方案，准备好配种工具、捕兽钳、捕兽网、手套、配种记录表、药品、开展技术培训等工作。

二、配种期饲养管理

对于季节性发情的动物来说，配种工作是否顺利关乎一年的收益，配种时饲料原料的选择、营养的搭配、发情鉴定的准确性、配种的方式等都将影响母狐的受胎率。

（一）配种期饲养

配种期公母狐由于性欲的影响，食欲下降，体质消耗较大，尤其公狐频繁交配，营养消耗更大。经过一个配种期，大多数狐的体重下降 $10\% \sim 15\%$。所以，此期要加强饲养管理，供给优质全价、适口性好、易消化的饲料。应适当提高新鲜动物性饲料的比例，使公狐有旺盛、持久的配种能力，良好的精液品质；母狐能够正常发情，适时受配。对参加配种的公狐，中午可进行一次补饲，补给一些肉、肝、蛋黄、乳、脑等优质饲料。此期日粮中，银黑狐需要可消化蛋白质 55～60 克，脂肪 20～30 克，碳水化合物 35～40 克，代谢能为 0.002 3 兆焦。配种期狐的日粮配合见表 6-2。

表 6-2　配种期狐的日粮配合

(引自朴厚坤等，2006)

类　别	每兆焦代谢能的饲料量（克）					
	肉鱼类	谷　物	蔬菜	乳　类	酵　母	骨　粉
银黑狐	1 200～1 340	120～170	120	240	24	24
北极狐	1 200～1 390	120～170	360	170	24	24

配种期投给饲料的量过大，会在某种程度上降低公狐的活跃性而影响其交配能力。配种期间可实行 1～2 次喂食制，如在早食前放对，公狐的补充饲料应在午前喂；在早食后放对，补充饲料应在放对后半小时进行。配种期与妊娠期应尽量避免饲料原料变更。一般来讲，进入配种期时，母狐体况中等或偏下，公狐体况偏上，体况调整工作应在准备配种期完成，进入配种期时应确保种狐有适宜配种的体况。

（二）管理要点

1. 适时配种　无论采用自然交配或人工授精，都应适时配种。母狐发情时，食欲下降、鸣叫、尿频、兴奋、温驯、发出气味。当母狐外阴部肿胀至最大程度、颜色暗红、有皱褶、松软、有分泌物时，为配种最佳时机。公狐发情后，排尿次数增多，有求偶欲望，发出"咕咕"声，采食量下降，对试情母狐主动接近、友好且试图爬胯，此时适合交配或采精。

2. 促进母狐发情 除了保证充足的自然光照、均衡的营养和合理的体况以外，养殖场中的气味也是促进母狐发情的主要因素。所以，在发情的初始阶段，将公狐安置在母狐之间、经产母狐均匀分布在场区内，可以有效地促进发情。

3. 发情鉴定 发情情况可采用观察法或测情仪测定法进行鉴定。观察法，即观察外阴肿胀程度，母狐排卵时外阴肿胀程度最大。排卵时外阴肿胀程度个体之间存在差异，总体来讲北极狐要比银狐明显。

测情仪测定的原理就是测量阴道的电阻值。母狐进入发情期后，在雌激素的作用下，阴道黏膜增生细胞角化，导电性降低，电阻值增加，当电阻值增加到最大时，即母狐排卵的时期。需要注意的是，排卵时的最大电阻值和最大电阻值的持续时间有种属和个体差异，一般来讲北极狐的最大电阻值平均值要高于银黑狐的。同时应注意，电阻值增加快的母狐，达到峰值后电阻值下降得也快，所以应及时配种或输精。一般银黑狐在电阻值出现最高值第2天，北极狐在电阻值出现最高值第3天进行配种或人工授精。

4. 注意卫生 在采用测情仪鉴定发情情况时，需配有专门的清洁剂、消毒容器等，每次使用前要消毒清洗探头，使用30次以后应该对探头进行一次彻底清洗，并且更换新的清洁剂。

配种时，无论采用自然交配或者人工授精都应注意卫生，避免交叉感染导致流产。对配种器械和镜检用具，要严格消毒，避免器械与用具无任何消毒处理措施直接混用。

5. 选择正确的配种方式 一次配种后，母狐在 3～5 天后时常出现再次发情的情况，表明第一次配种（输精）失败，且一次配种空怀比例较高。实际生产中常用的配种方式还有连续配种（初配后次日或隔日再配 1 次）、隔日复配（初配后间隔 1 天连续 2 天各配 1 次）和连续复配（连续 3 天配种或连续 2 天配种；第 1 天配 1 次，第 2 天上、下午各配 1 次）。一般来讲除个别母狐在生产中只允许配种 1 次以外，其余母狐配种次数均不应少于 2 次。采用自然交配的，交配中锁扣时间要保证 3～4 分钟，否则认为是不成功的交配。

6. 做好配种记录 配种后，严格按照配种制度在公母种狐的登记卡上做好记录，包括配种日期和交配狐编号，方便日后根据配种记录推算预产期，利于在妊娠期做好相关的准备工作。同时对于大型养殖场来说，清晰准确的配种记录是建立谱系档案的基本条件。

7. 保证配种时的环境舒适度 配种环境应相对安静，尽量避免出现异于平常的声响，配种期间为种狐提供充足清洁的饮水，避免进行棚舍建造安装工作。配种时，转移动物要轻柔，狐尾巴上部有分泌腺，用力紧抓尾巴上部分泌腺时极容易导致分泌腺受伤感染。

8. 为公狐单独提供日粮 公狐在配种或取精过程中营养消耗较大，可在母狐日粮基础上单独提供易于消化吸收的优质蛋白饲料，保证精液品质和配种工作的顺利进行。

9. 加强管理防止种狐逃跑 配种期种狐相对活泼灵敏，在配种抓捕时一定要小心，防止逃跑。

10. 保证饲料安全 自行调配饲料，没有条件对饲料微生物等进行检测时，建议配种前将鸡肝、鸡蛋等畜禽产品熟制，自然凉透后与鱼产品和膨化谷物产品按比例加工后饲喂狐；使用全价配合饲料（粉状或颗粒状）注意避光防潮，一旦出现贮存不当引起霉变或结块，应禁止饲喂。

（三）配种期工作评估

如果在整个配种期，公狐性功能良好，母狐发情良好且有超过 90％的母狐完成配种，配种周期不足 1.5 个月，配种工作基本都能按照计划进行，则证明本场配种期工作完成很好。

三、妊娠期的饲养管理

从受精卵形成到胎儿娩出这段时间为狐的妊娠期。此期母狐的生理特点是胎儿发育，乳腺发育，开始脱冬毛换夏毛。妊娠期是养狐生产的关键时期，这一时期的饲养管理直接关系到母狐的空怀率和产仔数，同时关系到仔狐出生后的健康状况，将决定全年的生产成绩。

妊娠前期（配种落点后 1 个月内）的饲养管理基本延续配种期的饲养模式，饲料原料、配方与采食量也应保证相对稳定；在妊娠中后期可以对饲料配方或者饲料喂量进行调整，以保证胚胎发育所需营养，配方或喂量变更时一定要遵循缓慢变更的原则，避免适口性的明显波动导致采食量骤减，从而影响母狐的正常妊娠。同时，妊娠母狐对环境的要求也更为苛刻，本阶段应拒绝不良刺激与干扰，尤其是突发性的，但场区内日常工作时人员走动和机器轰鸣的声音，应让狐群适应，不必过分小心。整个妊娠期为（52±1）天，若妊娠时间不足或超时，则通常难以产出正常的仔狐。

（一）妊娠期的饲养

妊娠期是母狐全年各生物学时期中营养要求最高的时期，妊娠母狐的新陈代谢十分旺盛，对饲料和营养物质的需求比其他任何时期都严格。此期日粮除了供给母狐自身生命活动、春季换毛和胎儿生长发育所需要的营养物质外，还要供给产后泌乳的营养物质储备。

妊娠期母狐由于受精卵开始发育，雌激素分泌停止，黄体激素分泌增加，外生殖器官恢复常态而使食欲逐渐增加。特别是妊娠28天以后，即妊娠后半期，这个时期胎儿长得快，吸收营养也多，妊娠母狐的采食量增加，对蛋白质和添加剂非常敏感，稍有不足便产生不良影响，如胎儿被吸收、流产等。因此，拟定日粮时，要尽量做到营养全价，保证各种营养物质的需要，尤其是蛋白质、维生素和矿物质饲料的需要。妊娠期母狐日粮配方举例见表6-3和表6-4。

表6-3　妊娠母狐的日粮配方一

（引自朴厚坤等，2006）

饲　料	比例（%）	饲　料	添加量
动物性饲料	50～60	维生素B$_1$	10～20毫克
谷物	12～15	维生素C	10～20毫克
果蔬类	5～10	食盐	2克
水	10～20	鲜碎骨	30～50克
维生素A	2 500国际单位	骨粉	5～8克
维生素D	300～400国际单位	总饲料量	0.5～0.75千克
维生素E	5～10毫克		

表6-4　妊娠母狐的日粮配方二（克/只）

（引自朴厚坤等，2006）

狐　别	妊娠期	肉鱼类	谷　物	蔬　菜	乳　类	酵　母	骨　粉
银黑狐	前期	209～251	39.7～42.7	90～105	50～60	7.5～9.0	7.5～9.0
	后期	209～251	35.5～42.7	100～120	50～60	7.5～9.0	7.5～9.0
北极狐	前期	300～326	30～33.6	90～98	60～65	9.0～9.7	9.0～9.7
	后期	350～370	35～38	105～113	70～75	10.5～11.3	10.5～11.3

当银黑狐正处于产仔期时，北极狐则已进入配种旺期，因此，必须既要做好银黑狐妊娠、产仔期的饲养管理工作，又要做好北极狐的配种工作。妊娠期要特别注意饲料的质量，工作重点应放在饲料配制工作上。胎儿从30天后发育迅速，这时狐的饲料量应增加，临产前2～3天饲料量可减少1/4。一般情况下，初次受配母狐所需饲料量应比经产母狐多一些；北极狐由于胎产仔数多，日粮中的营养水平和数量应比银黑狐多一些。

妊娠期必须供给品质新鲜的饲料，严禁饲喂贮存时间过长、氧化变质的动物性饲料，以及发霉的谷物或粗制土霉素、酵母等。饲料中更不许搭配死因不明的畜禽肉、难产死亡的母畜肉、带甲状腺的气管、含有性激素的畜禽副产品（胎盘和公、母畜生殖器官）等。凡是没有把握和不合乎卫生要求的饲料尽量不喂。妊娠期饲养管理的重点在于保胎，因此，此期一定要把好饲料质量关。

饲料原料种类应多样化，如果饲料原料单一或突然改变种类，都会引起全群食欲下降，甚至拒食。实践证明，以鱼和肉类饲料混合搭配的日粮，能获得良好的生产效果。常年以鱼类饲料为主的饲养场（户），此期可增加少

量的生肉（40～50 克/只）；而以畜禽肉及其下杂为主的场
（户），则可增加少量的海杂鱼或质量好的江杂鱼。妊娠期
日粮中较理想的动物性饲料搭配比例是，畜禽肉 10%～
20%，肉类副产品 30%～40%，鱼类 40%～50%。此期
和配种期一样，不能乱用各种外源激素类药物，如复方黄
体酮等。

妊娠母狐的食欲普遍增加，但妊娠初期不能马上增量，
妊娠前期以始终保持中上等体况为宜。正常的妊娠母狐基本
上不剩食，粪便呈条状，换毛正常，多半在妊娠 30～35 天
后腹部逐渐增大。当母狐经常下痢或排出黄绿稀便，连日食
欲下降甚至拒食和换毛不明显时，应立即从饲料方面查明原
因，及时采取相应措施，否则将导致死胎、烂胎、大批空怀
等不良后果。鲜肝、蛋、乳类、鲜血、酵母及维生素 B_1 能
提高日粮的适口性，特别是以干鱼或颗粒料为主的日粮，加
入少量的畜禽肉或内脏，适口性就会明显提高。

妊娠前期不能养得太肥，如果在妊娠前 4 周腹部明显增
大，不爱活动，往往将导致大批空怀。在妊娠期注意观察全
群的食欲和营养状况，适当调整日粮标准。

母狐临产前后，多半食欲下降，因此，日粮应减去总量
的 1/5，并把饲料调稀；此时饮水量增多，应保持清洁饮水
的供应。暴饮属于不正常表现，日粮中食盐量过多时会出现
暴饮现象。

（二）妊娠期管理

1. 体况调整　体况需结合配种结束日期、饲料配方、
环境温度和品种等进行调整。通常在妊娠前期，体况依旧维
持中等或中等偏下，即在妊娠期最初的 15 天内，采食量基

本不需要增加，原则上受孕后不再对采食量进行下调；在妊娠的第3～4周，母狐因妊娠腹部逐渐增大时，按照配种结束时间，分批逐步增加采食量。随胚胎发育，母狐腹部隆起，妊娠进入中后期，此时不再对体况有额外要求，只需要供给充足饮食保证胚胎发育，但要避免过肥，即此期胚胎迅速发育，占据腹腔空间，此时可以日喂2次，以保证母狐自身需要及胚胎发育所需营养。

妊娠期保证母狐良好的食欲很重要，这将决定产仔是否顺利。预产期前3～4天应当适当降低采食量，减少肠道内食物、粪便量，保证分娩的顺利进行。

2. 保证原料品质　严禁使用腐败、酸败、被氧化的动物性原料，霉变的植物性原料，其中的微生物和毒素可导致母狐流产，甚至引起母狐死亡。同时灰分含量较高的原料，如骨架类、头颈类产品也要尽量避免饲喂。

3. 做好防风保温工作　对于母狐和即将出生的仔狐，均要做好防风保温工作。防风时注意挡风不挡光，保证母狐充足的阳光照射，根据配种记录在预产期前7～10天对产箱内加铺垫草、安置产窝和挡风板，为分娩做好准备工作。同时保持清洁卫生，适时更换被污染的垫草。

4. 避免干扰与刺激　妊娠母狐相对温驯，但对异味、异响和陌生人极度警觉，突发性或剧烈的刺激均可导致母狐流产。挪威的一个研究表明：不同动物的社会地位差别比周围环境的不良影响更容易导致流产，银黑狐尤为明显。所以，在无外源干扰的情况下，养殖场出现母狐连续性流产时，可能由于繁殖期某只母狐有干扰其他母狐的行为。

5. 防范其他动物的干扰　养狐区域内，不应与其他畜禽混养，养殖场内饲养的猫、犬等也不能进入养殖区，避免其他动物干扰惊吓妊娠母狐，同时避免疫病交叉传播。

（三）妊娠期工作评估

母狐正常妊娠以后行为、性情、外阴、乳房都会出现一系列变化：妊娠 15 天，外阴萎缩、颜色变深，嗜睡、不喜动；妊娠 20 天，外阴黑灰色，恢复至未发情状态，乳头粉红、开始发育，腹围稍增；妊娠 25 天，外阴阴唇变大，腹围增加；妊娠 45 天，阴唇裂开、有黏液，乳房腺体基本发育完善、为哺乳做准备，腹围增大明显并开始逐步下垂，静卧、不喜动。

妊娠中断，通过食欲、粪便以及阴道排出物可以做出判断。食欲不振甚至拒食、腹泻、精神萎靡、阴道有血红或黑红色物质流出时，可能是已经发生妊娠中断或者是将要发生妊娠中断。此时应查明原因，并立即采取保胎措施，如肌内注射黄体酮 20～30 毫克/只。

妊娠期，如果母狐平静、食欲好，妊娠率不低于 92%，阴道无流血现象，伴有正常的妊娠脱毛情况，妊娠末期腹部隆起明显，临产前自行衔掉乳房周围的毛，则证明妊娠期工作完成很好。

四、产仔哺乳期饲养管理

对于整个狐群，从第一只母狐产仔到最后一只母狐产仔结束的时期，称为产仔期；银黑狐的产仔期一般为 3 月下旬至 4 月下旬，北极狐则在 4 月中旬至 6 月上旬。哺乳期是指从第一只母狐产仔泌乳到最后一只仔狐断乳分窝为止的一段时期，也称为哺乳期，需6～8周。产仔哺乳期通常是指从母狐产仔开始直到仔狐断乳分窝为止；该期实际上是一部分狐妊娠，一部分产仔，一部分泌乳，一部分恢复（空怀狐），仔狐由单一哺乳分批过渡到兼食饲料，成龄狐全群继续换毛的复杂生物学时期，是母狐营养消耗最大的阶段。因此，此期的饲养管理，直接影响到母狐泌乳力、持续泌乳时间以及仔狐的成活率。饲养管理的中心任务是确保仔狐成活和正常发育，达到丰产丰收的目的。

（一）产仔哺乳期饲养

母狐每昼夜的泌乳量占体重的10%～15%。以北极狐为例，带10只仔狐的母狐，产仔第一旬每天平均泌乳量360～380克，第二旬413～484克，第三旬349～366克；带13只仔的母狐，各旬的日泌乳量分别为442、524、455克。仔狐对乳的需求随着日龄的增长而增加，但开始采食饲料后便下降；仔狐的生长发育和健康状况，取决于出生后3～4周所获得母乳的数量和品质。哺乳母狐胎产仔数越多，泌乳量越多，同时对饲料的需求也就越高。所以在拟定泌乳母狐的日粮时，必须考虑一窝仔狐的数量和日龄。

产仔哺乳期日粮，应维持妊娠期的水平，银黑狐需要可消化蛋白质45～60克，脂肪15～20克，碳水化合物44～53克；北极狐分别为50～64克，17～21克，40～48克。银黑狐代谢能为0.002 51～0.002 72兆焦，北极狐为0.002 72～0.002 93兆焦。日粮搭配上饲料种类尽可能做到多样化，要适当增加蛋、乳类和肝脏等容易消化的全价饲料（表6-5）。

表 6-5　哺乳母狐的日粮配方（克/只）

（引自朴厚坤等，2006）

狐　别	肉(鱼)类	谷　物	蔬　菜	乳　类	酵　母	骨　粉	食　盐
银黑狐	195～210	52～56	46～50	130～140	9.8～10.6	10～11	2.0
北极狐	300～320	45～50	70～75	130～140	9～10	10～11	2.5

产后 1 周左右，母狐食欲迅速增加，应根据胎产仔数和仔狐的日龄以及母狐食欲情况，每天按比例增加饲料量。仔狐一般在生后 20～28 天开始吃母狐叼入产箱内的饲料，此期母狐的饲料加工要细碎，并保证新鲜、优质和易于消化吸收。4～5 周龄仔狐，可以从产箱爬到笼里吃食，但母狐仍然不停地往产箱里叼饲料，并把饲料存放在小室的角落，容易使饲料腐败，因此，应搞好产箱卫生。

在哺乳期日粮中，脂肪量应增加到干物质的 22%，此期可用骨肉汤或猪蹄汤搅拌饲料。

（二）管理要点

产仔保活是本时期工作的重中之重，仔狐较高的成活率取决于仔狐出生时的健康状况、母狐的护理情况和泌乳情况、环境温度和饲养管理情况。

1. 做好分娩准备工作　根据配种记录和母狐分娩前的征兆，可以基本确定母狐的分娩时间，此时应确保垫草、产窝等安置妥当。

2. 观察临产母狐　临近分娩时，母狐开始烦躁不安，时常抓挠产箱。健康的母狐在光照充足、温度适宜、营养和水分供给充足的情况下，临近分娩时，乳头周围的绒毛会自动脱落一部分、母狐自行衔落一部分，从而露出乳头供仔狐哺乳。

尽量避免人为"拔毛"。如果大面积母狐出现临产时乳头周围不褪毛的情况，应考虑光照和营养可能存在不充足的情况。

3. 分娩中不干预 分娩时，胎儿通常不会连续娩出，中间常会有间断，北极狐产仔会持续 4～5 小时，银黑狐平均产仔时间比北极狐稍短。北极狐平均窝产仔数约 10 只，银黑狐约为 4.5 只。北极狐幼仔平均初生重 75 克，银狐幼仔平均初生重 80～90 克。所以在母狐没有彻底完成产仔时不要检窝，仔狐出生时的生命活力、体重、发育情况也是对妊娠期饲养管理的一个检验方式。

4. 产仔初检 在母狐排出胎便后进行第一次检窝，并做好记录。如果整窝仔狐大小均匀、被毛干燥、腹部饱满、挣扎与叫声有力、分布紧凑，证明仔狐出生状态健康、母狐泌乳和母性均较好。如果仔狐大小不均匀、被毛湿润、腹部干瘪、挣扎与叫声无力，应视情况进行整体或部分代养，在判定母狐母性与泌乳尚可的情况下，可将较强壮的仔狐进行代养；如果母狐母性较差或泌乳极度不足，应进行全窝代养。注意无需反复打开窝箱进行查窝。

5. 产仔复检 对于出现代养或仔狐健康状况一般、母狐母性与泌乳一般的产窝要进行复检。复检尽量避免打开窝箱，可通过母狐采食情况、离开窝箱频率、窝箱内仔狐叫声等进行判断。若母狐采食饮水正常，除采食排便外不离开产窝，窝箱内仔狐时而安静时而出现短且有力的叫声，则不需要打开窝箱。反之，母狐频繁进出窝箱、仔狐叫声绵长无力，则应开箱检查具体情况，决定是否需要代养。

（三）产仔哺乳期工作评估

产仔后，母狐食欲好，除了排便、饮食，大部分时间待在产箱内，仔狐有洪亮有力的叫声、无哀嚎声，查窝时仔狐腹部饱满、皮肤干燥，证明产仔期工作完成很好。

第二节　仔狐养育和幼狐育成期的饲养管理

一、仔狐养育

（一）饲喂要点

1. 早期诱食　随仔狐日龄增加，可以逐步进行早期诱食，一般在产后 15～20 天进行，早期诱食应选择专用的代乳料或开口料。采用代乳料或开口料进行早期诱食，可促进仔狐生长发育，保证仔狐由"奶肚"到"料肚"的平稳过渡。早期诱食，饲喂量从大约 10 克开始逐步增加，注意观察仔狐粪便情况，在消化良好、粪便正常的前提下逐步增加诱食量。

2. 出生 3～4 周及以后的饲养　仔狐一般在出生 3～4 周开始采食，此时对母乳的需求量开始减少。初产和产仔数少的母狐，乳汁枯竭得早。所以，饲养中必须考虑这部分母狐的仔兽，给它们提供充足饲料。仔狐 4 周龄后，生长速度加快，营养需求增加，若饲料营养不足或采食量不足，将严重影响仔狐生长发育。

（二）管理要点

1. 保证窝箱卫生清洁　随着仔狐日龄增加，排便排尿量增加，如果仔狐排在窝箱内，母狐没有及时清理，容易导致仔狐皮肤疾病和肠道疾病。此时应及时更换窝箱垫草。仔狐分窝前，可在天气晴好的中午，微开窝箱顶盖，促进通风和窝箱内潮湿空气的排出。

2. 代养 仔狐死亡主要发生在出生后的 3 周内，特别是出生后的 3 天内。3 天之内仔狐死亡大部分是因先天性发育不良或者母狐疏于照顾而引起，所以产后适时查窝和及时代养很有必要。寄养母狐的适合条件是经产母狐，产仔数少于 8 只，而且分娩日期与将要寄养仔狐的出生时间是同一天或者晚 1～2 天，符合条件的母狐可以代养 2～3 只仔狐。另外，食物、饮水缺乏，母狐体况过肥、母性差、子宫或乳房炎症、泌乳不足，外部不良环境影响，笼与笼之间没有做好防护等原因均可导致仔狐死亡。

母狐分娩后，登记卡上应记录好产仔情况，在分娩 3 周后再次统计仔狐情况，3 周后存活仔狐的数量反映出母狐的母性，以此作为选种依据。

3. 保证窝箱清洁干燥 仔狐 4 周龄后，在天气晴好的白天，可以移走产箱顶盖或轻微打开顶盖，帮助产箱通风换气。如果天气温度允许，仔狐发育良好，可以逐步移出产箱。产箱的移出要保证不会引起母狐、仔狐的异常反应。移出的产箱，统一集中消毒、保管，来年备用。

4. 适时分窝 一般在 40～45 日龄对仔狐进行分窝，对于较强壮、吃食较早的仔狐可以提前分窝，对于体质较弱、采食较晚的仔狐可以延后分窝；分窝提倡"分步走"，尤其是北极狐或者窝产仔数较多的银黑狐，分步分窝可以减少对母狐的过分消耗，减少一次性分窝给母狐带来的应激，促进整群仔狐的均匀生长；分窝后幼狐可以单独饲养或成对饲养，成对饲养要保证幼狐之间不存在打斗现象；在分窝时可以根据幼狐性器官的发育状况进行初步选种，将外生殖器官发育不良的幼狐淘汰作皮兽。在分窝之前，务必将分窝后幼狐使用的笼箱以及饮水采食用具彻底消毒。分窝会对幼狐造成应激，不洁净的饲养环境会增加幼狐分窝后的患病率和死亡率。

分窝后幼狐日喂 2 次，早晨饲喂全天量的 1/3，晚上饲喂全天量的 2/3。断奶分窝后幼狐死亡率不超过 2%，精神和食欲、粪便状态良好，生长稳定，说明分窝工作进展顺利。

5. 嗜食同类 和北极狐相比，银狐更容易出现嗜食同类的情况。出现这种情况的原因除了母狐疏于照顾仔狐以外，还有可能是生存选择造成的：仔狐咬死同类让自己获得更多的生存资源，母狐咬死部分仔狐让其他仔狐获得更多的生存资源。遇到这种情况的时候，应立即断奶提前分窝，并对受伤的仔狐的伤口进行处理。

二、幼狐育成期的饲养管理

仔狐断乳后到性成熟前是幼狐育成期，育成期又分为育成前期和育成后期，育成前期是指仔断乳分窝后到冬毛开始生长前的阶段；育成后期是指冬毛开始生长到性成熟前的阶段。仔狐断乳后头 2 个月是生长发育最快的时期，此期间的饲养管理状况对体型大小和皮张幅度影响很大。

（一）幼狐育成期饲养

断乳后前 10 天的幼狐日粮，仍按哺乳期的日粮标准供给。断乳 10 天后应保证供给幼狐生长发育及毛绒生长所需要的足够营养物质（表6-6），供给新鲜的优质饲料。如喂给质量低劣、不全价的日粮，易引起胃肠疾病，影响仔狐的发育和健康。

表6-6　育成狐的饲养标准

（引自白秀娟，2007）

月龄	银黑狐			北极狐		
	代谢能（兆焦）	可消化蛋白质（克）		代谢能（兆焦）	可消化蛋白质（克）	
		种用	皮用		种用	皮用
1.5~2	0.00159~0.00196	22.7~25.1	22.7~25.1	0.00176~0.00184	21.5~26.3	21.5~26.3
2~3	0.00188~0.00205	20.3~22.7	20.3~22.7	0.00238~0.00243	20.3~22.67	20.3~22.7
3~4	0.00247~0.00272	17.9~20.3	17.9~20.3	0.00301~0.00318	17.9~20.3	17.9~20.3
4~5	0.00264~0.00284	17.9~20.3	17.9~20.3	0.00289~0.00305	17.9~20.3	17.9~20.3
5~6	0.00276~0.00293	21.5~23.9	17.9~20.3	0.00272~0.00289	21.5~23.9	17.9~20.3
6~7	2.38~2.64	21.5~23.9	17.9~20.3	2.47~2.68	21.5~23.9	17.9~20.3
7~8	2.13~2.22	21.5~23.9	17.9~20.3	2.26~2.34	22.7~15.1	17.9~20.3

　　育成初期幼狐日粮不易掌握，幼狐大小不均，其食欲和喂饲量也不相同，应分别对待。一般在饲喂后30~35分钟检盆，此时如果剩食，可能给量过大或日粮质量差，要找出原因，随时调整饲料量和饲料组成。日粮要随日龄增长而增加，一般不要限制饲料，以喂饱又不剩食为原则。仔狐刚分窝时，其消化机能不健全，经常出现消化不良现象，所以，在日粮中可适当增加酵母或乳酶生等助消化的药物。断乳后5~10天，接种犬瘟热、病毒性肠炎等传染病疫苗。

　　幼狐在4月龄时开始换乳齿，这时有许多幼狐吃食不正常，为消除拒食现象，应检查幼狐口腔，对已活动尚未脱落的牙齿，用钳子夹出，助其尽快恢复食欲。从9月初到取皮前，可在日粮中适当增加脂肪和含硫氨基酸的饲料，以利冬毛的生长和体内脂肪的积累。

（二）幼狐育成期管理

1. 断乳初期的管理 刚断乳的仔狐，由于不适应新的环境，常发生嘶叫，并表现出行动不安、怕人等。一般应将同性别、体质、体长相近的同窝仔狐2～4只放在同一笼内饲养，1～2周后再逐渐分开。

2. 定期称重 仔狐体重变化情况是它们生长发育和健康状况的反应指标。为了及时掌握生长发育的情况，每月应至少进行1次称重，以了解和衡量育成期饲养管理的状况。在分析体重资料时，还应考虑仔狐出生时的个体差异和性别差异。作为仔狐发育情况的评定指数，还应有毛绒发育状况、齿的更换及体型等。

3. 做好选种和留种工作 在分窝时，应根据本年度预留种狐数目进行初步选种。时间上，选择出生早期的仔狐；外观上，选择生长发育良好、被毛顺滑的仔狐；遗传上，选择温驯、母性较好、产仔数多、泌乳理想的母狐后代（尤其是小母狐），无恶癖、除必要的驱虫工作无用药历史的种狐后代。同时，产仔哺乳期母狐登记卡上的信息对选种工作也具有重要意义，每窝出生仔狐数目和3周龄仔狐数目是考评母狐母性的重要依据。3周龄仔狐成活率高的母狐及其所产的小母狐，都可作为留种对象，之后结合其他指标综合考评。对于确定要淘汰的仔狐可以在生长中后期注射褪黑激素，增加取皮收益。

4. 驱虫和免疫　分窝以后，根据日龄给仔狐按照免疫程序进行犬瘟热、病毒性肠炎、病毒性脑炎和肺炎的免疫。对于犬瘟热和肠炎的高发地区，需要提前免疫或根据实际情况加强免疫。在免疫之前，应提前做好驱虫工作，驱虫主要针对体内外寄生虫和附红细胞体。对于感染螨虫和真菌的幼狐做好标记，不留作种用。附红细胞体常用四环素类药物预防或治疗。体内外驱虫一般在免疫前 7~10 天，采用广谱驱虫药物进行全群驱虫，可以选择安全性较高的伊维菌素。但要注意使用阿维菌素不能超量，超量容易引起中毒。驱虫后有利于疫苗免疫后抗体的产生，有利于饲料营养成分的吸收，可促进仔狐健康成长。

5. 加强日常管理　天气炎热时，注意预防中暑，除加强供水外，还要为笼舍遮盖阳光，防止直射光。狐场内严禁开灯。各种饲料应妥善保管，严防腐败变质。各种用具洗刷干净，定期消毒。小室内的粪便要随时清除。秋季小室里垫少量 6~10 厘米长的草，有利于保暖，尤其在阴雨连绵的天气，小室里的潮湿易弄脏幼狐身体，受凉也常引起幼狐患病，造成死亡。

6. 杜绝养殖区内其他动物进入　养殖区域内要避免猫、犬、鸡、鸭等其他动物进出。其他动物随意进出养殖区域，会给疫病防控带来不良影响，且产仔期内会对母狐造成惊扰，掉落的仔狐如未被饲养员及时发现会成为其他动物的食物。若棚舍没有封闭，鸟类也会对养殖造成严重威胁，它们可能携带、传播致病菌或病毒，同时鸟群还会与狐狸争夺饲料。养殖场内的老鼠，要及时消灭，鼠害对养殖场的损失非常巨大，老鼠不但会惊扰母狐、咬死仔狐，还会传播疾病，与狐争抢食物。

（三）幼狐生长情况评估

狐生长期增重情况常用来作为判定饲料配方、饲料供给量和管理状况的重要指标。2017年5月14—18日出生的芬兰纯繁北极狐育成期增重情况见表6-7。

表6-7　芬兰纯繁北极狐生长期增重情况

（引自华隆农牧集团芬兰种狐繁育基地永胜种狐场，魏来等）

日　期	均重（千克）		增重（克）	
	公	母	公	母
7月12日	2.43	2.26		
7月22日	3.40	3.19	97.00	93.00
8月6日	5.19	4.79	119.33	106.67
8月20日	7.05	5.76	132.86	62.29
9月4日	9.01	6.58	130.67	54.67
9月18日	11.21	7.34	157.14	54.29
10月1日	13.38	7.86	166.92	40.00

第三节　恢复期和冬毛期的饲养管理

一、种狐恢复期的饲养管理

公狐从配种结束，母狐从断乳分窝开始到性器官的再次发育这一段时期称为维持期，又称为恢复期。恢复期，公银狐从3月下旬到8月末，母银狐从5—9月；公北极狐从4月下旬到9月初，母北极狐从6—9月。

（一）种狐的饲养

进入维持期，前1个月的日粮应维持上一时期的饲养水平。因为公狐经过1个多月的配种，体力消耗很大，体重普遍下降；母狐由于产仔和泌乳，体力和营养消耗比公狐更为严重，变得极为消瘦。为了使其尽快恢复体况，不影响翌年的正常繁殖，配种结束后的公狐和断乳后母狐的日粮分别应与配种期和产仔哺乳期的日粮相同，经15～20天后再改换维持期日粮。

生产中常遇到当年公狐配种能力很强，母狐繁殖力也高，但第2年状况大不相同的情况。表现为公狐配种晚，性欲差，交配次数少，精液品质不良；母狐发情晚，繁殖力普遍下降等。这与维持期饲养水平过低，未能及时恢复体况有直接关系，因此，公狐配种结束、母狐断乳后的前2～3周饲养极为重要。

据萨默塞德狐场的经验，在夏季为防止减重和正常脱毛，日粮中应含有30%新鲜蔬菜、30%肉类和40%谷物（热量比），谷物中大约28%是稻谷。夏季时，每只狐饲喂53克磨碎的稻草粉等绿草，以满足其维生素C的需要。夏季维生素A和维生素D的过量饲喂，易引起干毛症和被毛无光泽、不正常脱毛，以及秋季长出新毛时呈明显的暗褐色现象。因此，在夏季种狐不需要大量的维生素A和维生素D。

夏季狐不需要高蛋白，但初秋需要较多的蛋白质，而秋末则需要更多的蛋白质。萨默塞德狐场数据显示，夏季狐日粮中肉类饲料不超过150克也能满足其蛋白质的需要，在喂530克饲料时只需要55.7克蛋白质。

维持期银黑狐和芬兰北极狐的日粮组成分别见表6-8和表6-9。

表6-8　成年银黑狐的日粮组成（克/只）

（引自朴厚坤等，2006）

饲料	1—2月	3—5月	6—8月	9—12月
生鱼	103	103	103	133～164
生肉（下杂）	114	122	61	80～102
乳类	114	162	162	90
谷物	57	70	57	57
蔬菜	25	25	35	50
骨粉	5	5	5	5
麦芽	8	4	4	6
干酵母	7	9	5	5
食盐	2	2	2	2
日总量	465	502	434	428～481

表6-9　芬兰北极狐日粮组成（％）

（引自邹兴淮，2000）

饲料	12月至产仔	7—8月	9—10月	11—12月（皮兽）
鱼内脏	45	35	15	5
整鱼	12	20	18	18
酸贮鱼	—	—	4	6
屠宰场下脚料	18	18	30	18
动物血			3	3
毛皮动物酮体	—	—	5	8
蛋白浓缩料	5	6	8	10
脂肪	0～1	0～3	0～3	0～3
谷物	8	10	13	18
维生素混合物（克/吨）	340	340	230	230
水	11～12	8～11	1～821	21～24

（二）种狐的管理

种狐恢复期经历时间较长，气温差别悬殊，管理上应根据不同时间的生理特点和气候特点，认真做好各项工作。

1. 加强卫生防疫　夏、秋季节，各种饲料应妥善保管，严防腐败变质。饲料加工时必须清洗干净，各种用具要洗刷干净，并定期消毒，笼舍、地面要随时清扫或洗刷，不能积存粪便。

2. 保证供水　此期天气炎热，要保证饮水供给，并定期给狐群饮用万分之一的高锰酸钾水。

3. 防暑降温　狐的耐热性较强，但在异常炎热的夏、秋季节，要注意防暑降温。除保证饮水外，还要将笼舍遮蔽阳光，防止阳光直射引发日射病。

4. 淘汰母狐　应注意淘汰本年度中在产仔期繁殖性能表现不好的母狐，如产仔少、食仔、空怀、不护仔、遗传基因不好的种母狐，下年度不能再留作种用。

二、冬毛期的饲养管理

进入 9 月，当年的幼狐身体开始由主要生长骨骼和内脏转为主要生长肌肉和沉积脂肪。随着秋分以后光照周期的变化，种狐和皮狐开始慢慢脱掉夏毛，长出浓密的冬毛，这一时间被称为狐冬毛期。

（一）冬毛期的饲养

冬毛期狐的蛋白水平较育成期略有降低，但此时狐新陈代谢水平仍较高，为满足肌肉等的生长，蛋白质水平仍呈正平衡状态，继续沉积。同时，冬毛期正是狐毛皮快速生长时期。因此，此期日粮蛋白中一定要保证充足的构成毛绒的含硫必需氨基酸的供应，如蛋氨酸、胱氨酸和半胱氨酸等，但其他非必需氨基酸也不能短缺。冬毛期狐对脂肪的需求量也相对较高，冬毛期狐日粮中维生素以及矿物质元素也是不可缺少的。总之，冬毛期狐日粮应保证各种营养元素的全价性。

冬毛生长期，如果饲喂饲料公司生产的全价饲料，一般狐日饲喂干料量建议为每天 250～350 克，兑水后的湿料相当于 800～1 000 克（具体饲料数量与个体大小有关），日粮中蛋白质含量建议为 28%，脂肪为 10%；一般日喂 2 次，早晨喂日粮的 40%，晚上喂日粮的 60%，具体的饲喂量以狐的实际个体大小确定，每次食盆中应稍有剩余为宜。

冬毛生长期，如果喂自配料，北极狐的饲料配方是：每只每日建议饲喂量为 800 克，其中鱼及下杂 160 克、肉及畜禽下杂 160 克、谷物 200 克、蔬菜 80 克、水 200 克、酵母 5克、骨粉 5 克、食盐 2 克、维生素 B_1 5 毫克、维生素 A 500国际单位（注：谷物饲料为 90% 玉米面和 10% 麸皮加 1 倍水熟制；如果没有麸皮，用玉米面和豆粉，其比例为 7∶3）。

冬毛期的饲养与其他时期相比应适当增加谷物饲料，减少矿质饲料，否则易造成针毛弯曲，降低毛皮质量。由于各地饲料种类差异很大，要尽可能保证新鲜、多样，多种饲料配合饲喂，以使蛋白质互补，利于营养物质的吸收利用。

对于埋置褪黑激素诱导皮张早熟措施的狐，淘汰狐应在6 月、育成狐应在 7 月埋置褪黑激素后即给予冬毛生长后期的饲料，才能有提早毛皮成熟的效果。

狐冬毛期天气虽日益变凉，饮水量相对减少，但一定要保证充足、洁净的饮水。缺水对毛皮兽的影响比缺饲料严重。根据所喂饲料的稀稠度添加饮水，每日至少2次。冬天可以用洁净的碎冰块或雪代替水放在水盒中。

（二）冬毛期的管理

1. 搞好笼舍卫生 冬毛期，笼舍内毛屑尘埃较多，应注意搞好笼舍卫生，做好消毒工作。尤其是堆积在笼底内的粪污要及时清理，避免沾到狐狸体表，造成毛绒缠结。在取皮结束时，整个养殖区要进行一次彻底消毒，消毒方式方法可以参考生长期。但是消毒之前的清扫工作难度较生长期大，消毒之前笼舍内由上到下先进行清扫，清扫中为了防止可能携带病菌的灰尘绒毛四处飞落，可以使用扫把或其他清扫工具蘸取消毒液进行清扫。如笼网或其他架构使用聚维酮碘溶液消毒时，可用扫把蘸取聚维酮碘溶液扫落尘土和毛絮；地面使用火碱消毒时，可用扫把蘸取火碱水将地面的毛絮等轻轻清扫一遍之后，再进行彻底消毒。

2. 防控皮肤疾病 对于生长期时出现体表寄生虫或者其他皮肤疾病的仔狐，应做好特殊标记，定期用药，巩固疗效，避免冬毛期旧疾复发，影响皮张质量，且与其他仔狐做好隔离。取皮以后对笼舍用具进行全方位消毒，一般采用火焰消毒与消毒液消毒结合的消毒方法。对于出现皮肤病的母狐及其仔狐，通常不留种，且要在其使用过的笼箱彻底消毒后闲置至少1个繁殖周期后方可继续投入使用。

3. 适时取皮 当仔狐针毛光亮、不脱落，绒毛丰厚，尾毛蓬松，头颈前肢部位有明显的毛丛结构，皮肤变白，被毛整体有光泽且厚重时，即确定冬毛成熟，可以取皮。取皮不在养殖区域内进行或避开种狐饲养区域，采用电击方式进行，要保证皮张完整度，同时要最大限度地减轻被处死动物的痛感。

4. 第二次选种 冬毛期也是继生长期之后的第二次选种。在生长期选种的基础上，选择换毛节律正常、毛绒品种特征纯正、发育良好、性情温驯、抗病力强、无用药史、无自咬食毛等恶癖，以及遗传稳定、谱系清晰的优良个体。

第七章
狐皮加工关键技术

狐皮是较珍贵的大毛细皮，毛长绒厚，灵活光润，针毛带有较多色节或不同的颜色，张幅大，皮板薄，适于制作各种皮大衣、皮领、镶头、围脖等制品，保暖性能好，华贵美观，深受国内外消费者喜爱。

第一节　狐皮的结构特点

一、狐皮被毛形态结构

狐皮由被毛和皮肤构成。被毛是皮肤上的角质衍生物，来自表皮的生发层，是一种坚韧而富有弹性的角质丝状物，被覆在皮肤的外表，是热的不良导体，有保暖作用。

1. 被毛形态　被毛可分为圆锥形、圆柱形、纺锤形和披针形四种类型（图7-1）。圆锥形被毛基部至毛末端（毛峰）逐渐变细；圆柱形被毛几乎全长的直径相等，只是在末端逐渐变细；纺锤形被毛基部为圆柱形，而上半段变粗或呈纺锤状；披针形被

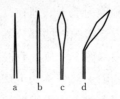

图7-1　毛的形态
a. 圆锥形　b. 圆柱形
c. 纺锤形　d. 披针形

毛下部是圆柱形，上部变弯、变宽，呈披针样。

被毛根据毛的长度、细度和坚实性，还可分为触毛、针毛和绒毛。触毛位于唇部，毛长而粗，呈圆锥形，毛根部富有神经末梢，它不影响毛皮品质。针毛比绒毛要长些，弹性较强，覆盖全身，有保护作用。针毛可再分为呈纺锤形的定向毛和呈披针形的纯针毛两种。定向毛比纯针毛长而粗。银黑狐针毛长为 50～70 毫米，细度为 50～80 微米。银黑狐的针毛占毛被总量的 2.4％～2.6％。北极狐针毛长度为 40 毫米，细度 54～55 微米。绒毛比针毛短细、柔软，颜色较浅，色调一致，数量最多。银黑狐绒毛长度为 20～40 毫米，细度为 20～27 微米。北极狐绒毛长度为 25 毫米。针、绒毛的比例，赤狐冬季为 1∶40，夏季为 1∶8；银黑狐冬季为 1∶41。

2. 被毛结构组成 狐皮被毛由若干毛簇组成，每个毛簇在定向毛或针毛的周围排列着 3 个较细的毛束。

每一毛束由 1 根针毛和 20～25 根绒毛所组成，所以每一整个毛簇由 1 根主要定向针毛、3～4 根针毛和 60～75 根绒毛组成。

在结构组成上，单根狐毛可分为毛干、毛根两部分。露在皮肤外面的部分称为毛干，埋在真皮和皮下组织内的部分称为毛根（图 7-2）。毛根末端的膨大部分称为毛球，包围毛根上皮组织的结缔组织部分构成毛囊，在毛囊的一侧一束平滑肌称为竖

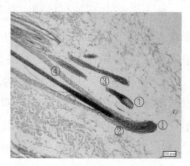

图 7-2 狐狸背部毛根结构
①毛球 ②初级毛囊 ③次级毛囊
④竖毛肌（400×H.E.）

毛肌,收缩时可使毛竖立。

在显微镜下观察毛干的横断面,可以看到鳞片层、皮质层和髓质层。鳞片层位于毛干表面,由鳞片状的角质化细胞排列成覆瓦状,占毛粗细度的 $1\%\sim1.5\%$。毛光泽的强度与鳞片的大小、形状及其排列有关。绒毛的鳞片排列较密,对光线的反射能力较弱,故光泽较差;而针毛的鳞片排列较稀,表面比较平滑,对光线的反射能力较强,因此针毛的光泽较强。皮质层由角质化的纺锤形细胞构成,该层的厚度决定着毛的坚韧性(拉力)和弹性。皮质层中含有色素颗粒,主要是黑色素,也有红色的含铁色素,色素的存在与毛的颜色关系密切。赤狐毛的皮质层占 $28\%\sim38\%$。髓质层是位于毛纤维最中心的一层,在细胞之间充满着空气,占毛粗细度的 $61\%\sim71\%$,如赤狐。

二、狐皮肤组织结构

皮肤由表皮、真皮、皮下组织所构成,各部分具有不同的生理机能,并在某种程度上影响毛皮的品质。皮肤厚度一般为 $0.14\sim0.3$ 厘米,其厚度随换毛时期而发生变化,狐体各部皮肤厚度也不一致。

1. 表皮层 位于皮肤的最表层,占皮肤厚度的 $1\%\sim2\%$。狐皮的表皮层受季节性影响较大,冬季较厚,春、夏、秋季表皮层较薄。表皮层又分为角质层和生发层。角质层由覆瓦状多层扁平上皮细胞构成,是透明角质化的死细胞,表面常有鳞片状皮层逐渐脱落;生发层由具有直立的圆柱形的数层细胞构成,有分裂增生能力,产生新细胞并逐渐向角质层移动,最后成为角质化的鳞片状的死细胞。表皮的发育,不同个体和不同部位都不相同,成年狐皮比幼狐皮厚,背部皮比腹部皮厚。

2. 真皮层 位于表皮深层，由致密结缔组织构成，一般占皮肤厚度的88%～92%。其胶原纤维和弹性纤维交错排列，使皮肤具有一定的弹性和韧性。真皮又分为乳头层和网状层。乳头层与表皮生发层毗连，内有毛囊。周围有弹性纤维缠绕，使毛根有一定的强度与弹性。网状层与皮下组织相连，由胶原纤维构成，并按一定方向排列着。毗连皮下组织处很松软，方向也不规则，因此在毛皮成熟时容易去掉皮下组织。

真皮中分布很多微血管、淋巴管和运动神经末梢，因此，可保证皮肤本身的代谢和感受外界刺激。

3. 皮下组织层 位于皮肤深层，是含有脂肪的疏松结缔组织层，占皮肤厚度的6%～10%。它可分为脂肪层和肌肉层。由于脂肪层在网状层和肌肉层之间，因此在冬季毛皮成熟时，毛根在真皮层的中上部，所以很容易从此剥离；但在春、秋脱换毛时，毛根在真皮之下与脂肪层连接，毛皮不易剥离。该层在刮油时都被刮掉。

第二节 狐皮的剥取和初步加工

一、屠宰季节与毛皮成熟鉴定

1. 屠宰季节 狐皮取皮时间是根据冬皮是否成熟而定的。过早或过晚取皮，毛皮质量都会受到影响。银黑狐的取皮时间一般在11月下旬到12月上、中旬，北极狐稍早，幼狐比成年狐晚一些，健康狐早于病狐。为了适时掌握取皮时间，屠宰前应进行毛皮成熟鉴定。目前，多采用观察活体毛绒特征与试剥观察皮板颜色相结合的方法进行毛皮成熟鉴定。

2. 毛皮成熟的标志　全身夏毛脱净，冬毛换齐，针毛直立、灵活、有光泽，毛足绒厚，尾毛显得蓬松粗大，当狐弯转身躯时，出现明显的一条条"裂缝"，当吹开毛被时，能见到皮肤。试剥时皮板洁白，皮肉易于剥离，刮油省力。银黑狐两耳间毛发白。

二、处死方法

动物处死方法有很多，应以符合国际动物福利与保护法和操作简便易行、致死快、不污染毛被、不影响毛皮质量为原则。狐体型较大，可采用药物处死法、注入空气法或电击处死法。

1. 药物处死法　用氯化琥珀胆碱（司可林）按每千克体重 0.5～0.7 毫克的剂量，皮下或肌内注射，狐在 3～5 分钟死亡。

2. 注入空气法　用 10～20 毫升容量的注射器，装上 7 号针头，将针头插入心脏（胸骨柄下方第 2～3 肋间），并注入空气。

3. 电击处死法　将连接 220 伏火线（正极）的电击器金属棒插入狐肛门内，待前爪或吻唇接地时，接通电源，5～10 秒死亡。电击处死法效果好，但要注意安全。

三、剥皮

狐处死后要尽快剥皮，不得长时间存放，要剥成皮形完整、毛朝外的筒皮。

1. 开裆　用剪刀从一侧前肢开始，于脚趾中间下刀，沿内侧一直挑至肘关节，然后开始于后肢。从趾关节沿尾部腹面正中挑至尾的中部，去掉肛门周围的无毛区。

2. 剥皮　先剥离后肢，剥到脚掌前缘趾的第一关节时，用刀将足趾剥出，剪断趾骨，使爪留在皮上，并能被皮包住。接着剥至尾部 1/3 处时，抽出尾骨，将皮挑至尾尖。然后将两后肢一同挂在固定钩上（倒挂）做筒状向下翻剥。边剥边撒锯末或麸皮。公狐尿道口处可在靠近皮肤处剪断。翻出前肢，也在指骨端剪掉，前爪留在皮上。剥至头部时要注意保持耳、眼、鼻、唇部皮张的完整，剥头部时注意勿割破血管，不要把耳、眼割大。

四、初步加工

1. 刮油　在皮板干燥前进行。先将鼻端挂在钉子上，毛向里套在粗胶管或光滑的圆形木楦上，用刮油刀由后向前刮油。刮油时，要持刀平稳，用力均匀，边刮边撒锯末或搓洗手指，防止油脂浸染毛被。以刮净残肉、皮下脂肪、结缔组织，又不损坏毛囊为原则。四肢、尾皮边缘和头部的脂肪和残肉不容易刮净，要由专人用剪刀剪掉。

2. 洗皮　在转鼓内用干净的锯末干洗 5～10 分钟。手工操作时，用硬锯末或麦麸（筛去细粉）反复多次洗搓皮板上的浮油，然后将皮筒翻过来再洗被毛，最后将锯末或麦麸抖净。

3. 上楦　使用国家统一规格的楦板，各种楦板的规格尺寸见

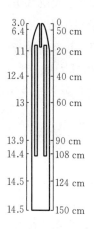

图 7-3　楦板及其规格（cm）

左侧尺码为宽度；右侧尺码为长度；厚度为 2 cm

表 7-1、形状见图 7-3。先用旧报纸呈斜角状缠在楦板上，再把狐皮（毛朝里）套在楦板上，摆正两耳，固定头部，然后均匀地向后拉长皮张，使皮张充分伸展后，再将其边缘用图钉固定在楦板上，最后把尾往宽处拉开、固定。前肢从开口处翻到毛朝里自然下垂摆正。

表 7-1 狐皮楦板规格 （厘米）

位置	距顶端楦板长度	楦板宽度
顶端	0	3
	5	6.4
	20	11
	40	12.4
	60	13
	90	13.9
	108	14.4
	126	14.5
末端	150	14.5

4. 干燥 提倡风干（用鼓风机风干设备）。如不具备条件，可采用烘干干燥法。室温最好为 20～25 ℃，严禁在高温下烘烤。如果干燥不及时，会出现闷板脱毛现象（尾部更为明显），防止方法是两次上楦干燥，待干至五六成时，再将毛面翻出，变成板朝里、毛朝外干燥。但注意翻板要及时。室内每天要通风 3～4 次。

5. 下楦 当狐皮的四肢、足垫、脑下部位基本干硬时，要及时下楦。将下楦后的狐皮悬挂在 15～18 ℃ 的常温室内进一步晾干；或在毛绒上喷上几口酒，用新鲜锯末拌上 5% 洗衣粉，在毛绒上反复用手搓，直到除净毛绒上的污垢为止，再把锯末抖净。

6. 原料皮的贮存、包装及运输

（1）仓库设备　狐皮在加工鞣制之前需要贮存一段时间。仓库应具备如下条件：建筑坚固，屋基较高，房顶达到一定高度，不能漏雨，地面为水泥抹面或木板，库内通风良好，有足够的亮度，但要避免阳光直射皮张，门窗玻璃以有色玻璃为宜。库温 5～25 ℃，相对湿度保持在 60%～65%，库内设吸湿器和空调。

（2）库房管理　①入库前，要进行严格检查。严禁湿皮和生虫的原料皮进入库内，如果发现湿皮，要及时晾晒，生皮须经药品处理后方能入库。②防止狐皮潮湿发霉。原料皮返潮、发霉的表现是皮板和毛被上产生白色或绿色的霉斑，轻者有霉味、局部变色，重者皮板呈紫黑色。因此，库房内应有通风、防潮设备。③库房内同种皮张必须按等级分别堆码。垛码与垛码（0.3 米）、垛码与墙、垛码与地面之间应保持一定距离（15 厘米），人行道宽 1.7 米，以利通风、散热、防潮和检查。每个货垛都应放置适量的防虫、防鼠药物。如果同一库房内保管不同品种的皮，货位之间必须隔开，不能混杂在一起。④防虫、防鼠。药剂配方：磷化锌1.0 千克，硫酸 1.7 千克，小苏打（$NaHCO_3$）1.0 千克，水 15～20 千克。杀虫方法：先用塑料布盖严皮垛，四周下垂并盖住地面，然后用土压埋，只留一个投药口。操作人员必须事先戴好防毒面具和耐酸手套，扎上耐酸围裙，然后在投药口内放一个配药缸，先按比例把水放在缸内，然后将硫酸轻轻地倒入缸内，最后将所需磷化锌和小苏打拌匀，装入小布袋内并封好口袋，将布袋轻轻地投入缸中，毒气迅速产生。投药后，经 72 小时即能把皮张上的蛀虫杀死。操作时一定要小心，切忌磷化锌与硫酸直接接触，以免起火。投药后，严防其他人员接近，以免发生中毒。

灭鼠采用敌鼠钠盐效果较好。毒饵的配制：面粉 100克，猪油 20 克，敌鼠钠盐 0.05～0.1 克，水适量。先将敌鼠钠盐用热水溶化后倒入面粉中，用油烙成饵饼，然后切成小块（2.0 厘米）放在鼠洞外或鼠经常活动的地方，使其采食，吃完再补，直到不吃为止。一般 4～5 天后见效，此种方法能彻底灭鼠。

（3）包装与运输　狐皮皮板较厚，毛被有花纹，最忌摩擦、挤压和撕扯。因此，打捆时要选择张幅基本相同的皮张，毛对毛、板对板堆码，并撒上适量的防虫药剂，外面用麻袋包装成捆。公路运输时必须备有防雨、防雪设备，以免中途遭受雨、雪淋湿。凡是长途运输的皮张，必须经检疫、消毒后方能发运，以防病原传播。

第三节　狐原料皮的质量检验

狐原料皮的种类繁多，其板形、质量、用途及其价值相差较大，所以，在检验其质量时，有不同的要求和方法。狐皮是大毛细皮，具有毛长绒厚、灵活光润、针毛带有多色节、张幅大、皮板薄等特点。根据皮张的生产季节、毛绒和皮板的质量确定其等级。

一、狐毛绒质量

检验大毛细皮的毛绒质量，主要是以毛足绒厚、毛绒略空疏或略短薄、毛绒空疏或短薄三个级别来表示，特征如下。

1. 毛足绒厚 毛绒长密，蓬松灵活，轻抖即晃，口吹即散，并能迅速复原。毛峰平齐无塌陷，色泽光润，尾粗大、底绒足。

2. 毛绒略空疏或略短薄 毛绒略短，手抖时显平伏，欠灵活，光泽较弱，中背线或颈部的毛绒略显塌陷。尾巴略短、较小；或针毛长而手感略空疏，绒毛发黏。

3. 毛绒空疏或短薄 针毛粗短或长而枯涩，颜色深暗，光泽差，多趴伏在皮板上。绒毛短稀，或绒毛长而稀少，黏合现象明显，手感空薄，尾巴较细。

二、狐皮板品质

狐皮板品质主要根据皮张的生产季节、种类和原产动物生前的健康状况等因素来鉴定。不同季节，狐皮的特点不同。板质良好者为冬皮和早春皮；板质较弱者为晚春皮和初秋皮；板质差者为夏皮或体况差、患病兽的皮张。

1. 冬皮 针毛长而稠密，光泽油润，绒毛丰厚而灵活，毛峰平齐，尾毛粗大，皮板薄韧、有油性、呈白色。

2. 秋皮 早秋皮针毛粗短、颜色深暗，光泽弱，绒毛短稀，尾很细，皮板呈青黄色。晚秋皮毛绒略粗短，光泽较弱，背部和后颈部毛绒短空，臀部皮板呈青灰色。

3. 春皮 早春皮毛长显软而略弯，光泽较差，底绒有黏合现象，皮板微显红。晚春皮针毛枯燥，毛峰带勾，底绒稀疏，黏合现象严重。

4. 夏皮 针毛长，稀疏而粗糙（手感带沙性），光泽差，绒毛极少。皮板发硬而脆弱，无油性。

三、狐伤残皮张的处理原则

在收购规格允许的范围内，对硬伤要求松，对软伤要求严。对分布在次要部位的伤残要求松，对分布在主要部位的伤残要求严。对集中的伤残要求松，对分散的伤残要求严。

四、皮张面积计算方法

皮张的长度是测量耳根至尾根的直线距离。宽度是从腰部适当部位量出。长乘宽即求出皮张面积。

第四节　狐皮鞣制

鞣制是生皮经过处理转变成熟皮的过程。毛皮鞣制的工艺流程基本上可分为鞣前准备、鞣制和鞣后整理3个工段。生产中的工序，依原料皮的品种、成品的品质要求而定。狐狸皮属于大毛细皮，与小毛细皮相比，大毛细皮加工过程要特别注意的一点是防止锈毛，因此加工前应对毛皮仔细检查，及时发现和挑出有掉毛、锈毛的皮张。在加工过程，每一道工序后都应做手工打皮，以松散毛被，防止锈毛和结毛的现象。

一、鞣前准备

将原料皮经过一系列机械和化学处理，使之变为易接受鞣制及以后加工的状态，通常称作鞣前准备或准备工段。这一工段，可将不利于毛皮加工的头、腿、尾（珍贵毛皮除外），以及皮上带有的泥沙、血污、肉渣、油脂和贮存过程中所加的防腐剂等都去除掉。

鞣前准备包括分路、浸水、去肉、脱脂、酶软化、浸酸等工序。这一阶段的操作对成品质量影响很大，因此在实际操作时应高度重视，严格控制，否则，由于鞣前准备不当所造成的缺陷，在以后工序中几乎是无法补救的。

（一）分路

原料皮品种多，各品种之间有很大差异，即使是同一品种也有毛路之分，等级，面积，皮板厚度，毛绒长度、粗细度、疏密度、颜色，油脂含量，脱水程度，陈化程度等有所差别。根据这些不同情况，生产前应对原料皮进行挑选和分类，即为"分路"（又称"组批"）。把没有加工价值的原料皮拣出来另行处理，而把相近的原料皮组成生产批，使之得到较均匀的处理。根据原料皮的尺码大小、皮板厚度、毛皮的缺陷和伤残情况进行分路。

（二）浸水

1. 目的 鲜皮含水分 60%～70%，干皮含水分 12%～16%。生皮失去水分后体积缩小，皮蛋白质及其结构改变，胶原纤维相互黏结，皮板变硬，这样不可能进行化学和机械处理。因此，浸水的目的就是使原料皮充水，使生皮恢复或接近鲜皮状态；另外，浸水可初步除去毛被和皮板上的污物及防腐剂，并溶解生皮中的可溶性蛋白质，如白蛋白、球蛋白等。

狐皮生皮已经过刮油等预处理，所以浸水操作较容易，也无需再去肉。但浸水时要特别注意油或肉未去净的皮张，需单独再去肉和脱脂，还要注意掉毛现象。

浸水一般分两次进行。第一次浸水时要先洗去生皮上所附带的污物和细菌，使原皮基本回鲜，所以应加入杀菌剂、润湿剂，以及能促进回湿和抑制细菌繁殖的食盐。第二次浸水则要求在充分回鲜的同时，尽量除掉皮板中的可溶性蛋白成分，应根据生皮状态添加浸水助剂，必要时可加入 0.5～1.0 克/升的甲醛以抑制细菌的滋生和固毛。第二次浸水时，可选用具有脱脂效果的浸水助剂，既简化脱脂工序，又可避免过长的浸水周期而可能引起的掉毛、溜毛现象。

2. 影响浸水的因素

（1）原料皮状态　毛皮的种类、大小、厚度、陈化程度、油脂量、脱水程度等因素都对浸水有影响。其中，脱水程度越深，则充水越困难，所需浸水时间也就越长。鲜皮浸水时间较短，只需洗去血污及脏物就可以进行下道工序处理。

（2）水质和水量　浸水和洗涤用水要求清洁，有机物和细菌含量低，硬度低。浸水所用的水量通常用液体系数来表示。液体系数是操作液容积（升）与皮重量（千克）的比值，也称为液比。即：液体系数＝操作液容积（升）/皮的重量（千克）。浸水时，液体系数，与原料皮的种类、毛的长度、密度及使用的设备有关。液体系数大有利于浸水，但不要太大，也不能太小。水量应保证皮的各部位能充分、均匀地与水接触。一般在池中浸水，液比为（16～20）：1。划槽浸水时的水量应比池浸水少些。

（3）水温　浸水时的水温对浸水时间、成品质量都有很大影响。在一定范围内，温度越高，浸水速度越快，同时细菌繁殖也越快。浸水时水的温度一般控制在 18～22 ℃。为了提高产品质量,现代毛皮生产中广泛采用快速浸水法,即提高浸水温度（30～35 ℃）。

（4）防腐剂　常用的防腐剂有酸、甲醛、漂白粉、氟硅酸钠、氯化锌等。

（5）浸水助剂　为了加速生皮浸水,缩短浸水时间,相对减少皮质的损失和抑制细菌,常在浸水时加一定量的助剂。可作为浸水助剂的有酸性助剂、盐类助剂、表面活性剂、酶制剂等物质。

酸性助剂:常用乙酸、乳酸、酸性硫酸盐等。用量一般为 1 克/升左右,酸度控制在 pH 5～5.5。对于毛松弛不易浸软的原料皮,常采用酸性助剂浸水。

盐类助剂:能促进可溶性蛋白质的溶解及抑制细菌的繁殖。常用食盐、芒硝,一般用量 20～40 克/升。当食盐的浓度较低时（5～10 克/升）,有加速细菌繁殖的作用。

表面活性剂:国产的有拉开粉、渗透剂 T、JFC、平平加C-125、平平加 OS-15 等。国外的浸水助剂也很多,如美国劳恩斯坦公司的浸水助剂 HAC 属非离子型润湿剂,含有杀菌剂,是珍贵毛皮浸水的良好助剂,用量为 1～2 毫升/升。

酶制剂:主要是国外产品,如美国的艾波罗 100-C（EL-BRO 100-C）,用量为 2.5 克/升。酶在浸水过程中能够清除皮板中具有粘连性能的酸性黏多糖;同时,还能催化皮内干燥而变得难溶或不溶的非纤维蛋白质的水解,从而增大纤维间的空隙。

（6）机械作用　机械划动、去肉、踢皮等操作,可以加速皮板充水速度。但进行机械作用时,皮板必须有一定的柔软度,否则将对皮板和毛被造成损害。

（7）时间　鲜皮浸水 6～8 小时，干皮浸水 12～20 小时。浸水的程度要达到皮板适度柔软，基本恢复鲜皮状态。

（三）脱脂

1. 目的　许多狐生皮，其皮板和毛被上含有大量的油脂，有的皮油脂含量可达皮板重的 30% 以上，如果不除去，则将影响以后工序操作的顺利进行。因此，脱脂的目的就是除去皮板及毛被上的油脂，使之达到规定要求，以便均匀地吸收化学鞣剂，提高产品质量。但毛被上的油脂不能脱得太净，如果少于 2%，则毛发脆、发枯。

脱脂工序可安排在浸水、软化后的鞣前、鞣后等工序中进行。

2. 方法

（1）机械脱脂法　是使用去肉机除去狐皮下组织层的大量脂肪，使游离脂肪与脂腺受到机械挤压后遭到破坏而除去油脂的一种方法。一般与其他方法结合起来使用，效果更为明显。还可使用滚筒挤压机和压榨机，工作压力为 30 千克/厘米^2。

（2）乳化法　是狐毛皮脱脂使用最多的一种方法。常用作乳化的表面活性剂有皂片、洗衣粉、各种类型的脱脂剂、平平加等。国外的有德国斯托克汉森公司的 TE - TRAPOL® WW（用量 3～5 克/升），桑多兹公司的 Tergolix D Extra Liguid（一种高效脱脂剂）。

（3）酶法　利用脂肪酶在一定条件下处理狐生皮，使脂肪水解成甘油和脂肪酸而达到脱脂的目的。国产脂肪酶有 AS2，1203；美国的有艾波罗 100 - C（ELBRO 100 - C）。

（4）溶剂法　利用油脂易溶于有机溶剂的特性而进行脱

脂，如用煤油、汽油、三氯乙烯、四氯乙烯等溶剂。溶剂脱脂放在鞣后进行，其优点是效果好、效率高。

还可用碱性较弱的纯碱（0.5～1.5克/升）同阴离子型表面活性剂一起使用。

3. 影响脱脂的因素

（1）温度　在较高温度条件下，固态油脂熔化，有利于水解、皂化、乳化作用的进行。但温度过高会削弱毛与真皮的联系，易造成毛孔发松，甚至出现掉毛现象。温度过低，脱脂效果差，达不到要求。对油脂含量较高的毛皮，温度可控制在 38～40 ℃；对油脂含量较低的毛皮，温度控制在 30～35 ℃。

（2）pH　目前狐毛皮脱脂大多采用阴离子表面活性剂，溶液的 pH 对其脱脂效果有很大影响。根据经验，当 pH 控制在 8～10 时，脱脂效果比较理想。多用纯碱来调节 pH。

（3）机械作用　有利于油脂乳化和污物分散，并阻止被洗掉的污物重新沉积在狐毛皮上。因此，脱脂应在划槽或转鼓中进行。对于长狐毛皮要适当扩大液比，控制机械作用时间，避免擀毡。

（4）脱脂时间　与脱脂剂的性质、用量、温度、机械作用等因素有关。延长脱脂时间，不会提高脱脂效果，相反，会使进入溶液的污物重新聚集在毛被上。因此，脱脂时间一般控制在 30～60 分钟。如果一次脱脂达不到要求，可另换新液重新脱脂。脱脂检验，以手摸眼看为主。通常，皮板不显油腻感，毛被清洁即可。

4. 脱脂实际操作　将皮投入配好毛皮化工料的划槽中划动 5～10 分钟，以后停 10 小时，转 5 小时。脱脂后用温水洗 10 小时。要求毛被洁净、光亮，无锈毛、油毛。

（四）酶软化

1. 目的　毛皮制品应具有一定的延伸性、柔软性、弹性、可塑性及透水性、透气性。这些特性都是在准备工段中通过对皮纤维进行适度松散而获得的，酶软化是重要的手段。酶软化的主要目的是进一步溶解纤维间质，使皮柔软，呈现多孔性，以利于鞣剂分子均匀渗透与结合；部分分解皮内油脂，改变弹性纤维、网状纤维的性质，使皮有一定的可塑性；进一步改变胶原纤维的结构，适度松散纤维，使成品有一定的弹性、透气性和柔软性，提高出材率，减轻重量。

2. 常用酶制剂及性质　目前狐毛皮生产中广泛使用人造酶制剂，几种常用酶制剂及其特性见表7-2。

表7-2　几种常用酶制剂及其特性

特　性	1398 蛋白酶	3942 蛋白酶	289 蛋白酶	3350 蛋白酶	胰蛋白酶
酸碱性	中性	中性	碱性	酸性	碱性
最适 pH	7～8	7.2～8	9～10.5	2.0～3.5	7.8～8.7
使用 pH	8～9	7～8	8～9	2.5～4.0	7～8
最适温度（℃）	40～43	40～45	40～45	40～42	36～40
使用温度（℃）	35～38	38～40	38～40	35～40	35～38

3. 影响酶软化的因素

（1）原料皮的特性　各种狐原料皮由于化学组成和组织结构上的差别，需要软化的程度是不同的，即使是同一种原料皮，由于存在着大小、老嫩度、肥瘦度、产地、保存方法等的不同，软化程度也不同，在软化前必须认真组批，将原料皮情况接近的组成同一生产批。根据经验，由老皮、瘦板皮、干板皮组成的生产批软化应重一些，而对于小皮、嫩板皮、鲜板皮软化应轻一些。

（2）温度 软化的实质就是在酶的催化作用下，对胶原蛋白质进行水解反应。一般化学反应都与温度有关，温度高反应快，温度低反应慢，酶软化也不例外，实际操作中，一般控制温度都在 40 ℃以下。

（3）pH 在酶软化过程中，每一种酶只有在其最适 pH 范围内才能发挥最大活力，pH 过高或过低都会影响软化的顺利进行，甚至使酶制剂失活，不能发挥作用。在酶软化过程中，pH 控制范围较窄，应严格控制。酶制剂用量以活力单位/毫升表示。在软化操作中，对皮板厚、纤维组织比较紧密的毛皮，用量应多一些。根据经验，用 5 活力单位/毫升 3350 酸性蛋白酶作用 5 小时，即可达到理想的软化效果。

（4）时间 为使皮板厚、纤维紧密的毛皮软化均匀，可以适当降低软化温度（30～35 ℃），延长软化时间（24 小时以上）。应根据生产需要灵活组织软化条件。软化程度以感官检验为主，感到皮板松软，纵横伸长的性能增加，用拇指轻推后肷部位毛有轻微脱落现象，即认为软化程度已达到要求。对于已达到软化需求程度的毛皮应立即终止软化，否则会产生脱毛现象。终止软化的方法是：在软化液中加入 36%～38%的甲醛 1～1.5 克/升，搅拌均匀即可终止。加入硫酸 0.8～1.0 克/升，使溶液 pH 降到 3.5～4.0，或马上转入浸酸工序，以终止酶的作用。此措施只适于碱性蛋白酶和中性蛋白酶，对酸性蛋白酶只能用浸酸的方法，并将 pH 控制在 2.0 以下。

4. 酶软化实际操作 将水量、水温调到规定要求后，加入 1398 中性蛋白酶，划匀后投皮，再划动 2～3 分钟；以后每隔 2 小时划动 2～3 分钟（划动 1～2 次），随时检查软化程度。

（五）浸酸

用酸和盐的溶液处理毛皮的操作称为浸酸。一般在脱脂软化后、鞣制前进行。

1. 目的 降低毛皮 pH，改变皮表面电荷，以利于铬鞣或铝鞣；松散胶原纤维，提高成品的柔软性和延伸性；终止酶软化后酶的继续作用。

狐狸皮纤维略松，浸酸软化一般较简单，在保证纤维充分分散的同时，毛皮皮板的附着牢度要不受影响。在实际加工过程中，要尽可能慎重、安全，对于高档毛皮，切不可因操作不当引起掉毛现象的发生。建议合用活力单位较低的酸性酶制剂，以防造成损失。

由于无机酸的渗透性较差，应尽量合用有机酸，以达到均匀浸酸的作用，使皮板内的 pH 变化更小，获得合适的柔软性和鞣制效果。

2. 影响浸酸的因素

（1）浸酸液的性质 浸酸液由酸和盐组成，加盐是为了避免产生酸膨胀，破坏胶原纤维。一般以食盐作为酸膨胀的抑制剂，也有用硫酸钠的。浸酸液中食盐的用量可根据浸酸溶液的液比得出下列计算公式：

$$P=5.8n+4.35$$

式中，P 为 100 份皮不发生酸膨胀的食盐量，n 为液比。

用于毛皮浸酸的酸有无机酸（盐酸、硫酸）、有机酸（醋酸、乙酸、醇酸等）。使用有机酸，皮板吸收酸缓慢，溶液的 pH 稳定，而且具有缓冲作用。因此容易控制，不易出现事故，所得成品柔软丰满，出材率大，毛被有光泽。但由于有机酸价格高，仅限于珍贵毛皮使用，一般毛皮大都使用无机酸（硫酸）浸酸，硫酸用量一般为 3～6 克/升。

（2）生皮的状态　生皮的厚度和皮纤维的紧密程度不同，吸收的酸量和盐也不同，对于厚皮或纤维紧密的皮浸酸，酸液的浓度应大一些，时间也应长一些。反之，薄皮或纤维疏松的皮浸酸，酸液的浓度应小一些，时间也应适当缩短，这样才能保证质量。

（3）液比　对于长毛易成毡的毛皮如北极狐皮等，液比可适当增大。当酸量足够时，液比只同加入的食盐量有关，对浸酸的效果影响不大。

（4）温度　浸酸时，提高浸酸液的温度，可改善毛皮的可塑性，减少皮板的收缩，使成品更柔软，延伸性更大。但是提高温度（35 ℃以上）可使皮板的强度明显降低。根据经验，对于厚而坚实的毛皮，宜在 35 ℃左右浸酸；对于薄皮、小型春季皮，宜在较低温下浸酸。

（5）时间　根据毛皮厚度及紧密度的不同，浸酸时间通常为 10～24 小时，有的还需要更长的时间。

二、鞣制

目前毛皮生产中常用的鞣剂是碱式铬盐、碱式铝盐和甲醛。不同鞣制方法对成品影响的分析见表 7-3。鞣制时采用何种方法，使用何种鞣剂，应视原料皮的种类和特点而定。鞣剂主要包括无机鞣剂和有机鞣剂两大类。无机鞣剂包括三价铬、铝和铁的碱式盐、四价锆和钛的碱式盐等；有机鞣剂主要有植物鞣剂（栲胶）、甲醛、合成鞣剂、鱼油等。新型合成鞣剂的使用也越来越广泛。

狐皮属于大细毛皮，它与小细毛皮的鞣制方法完全不同，主要采用铝-油鞣或醛-铝鞣，是以甲醛为主的鞣制方法。但甲醛鞣制的毛皮不耐存放，随着时间的推移，皮板会变脆，且因皮内存在游离甲醛问题，目前欧盟等国家和地区已禁止将该种方法用于毛皮的加工中。

大细毛皮不能采用踢皮油进行油鞣，现在许多企业采用乳化油来代替踢皮油，以简化操作并达到良好的润滑纤维效果。由于后期要合用踢皮油处理，所以也不能合用铬预鞣，否则因氧化油脂引起皮内六价铬超标，也会出现退鞣现象。

鞣制所采用的技术条件为：温度 $35\sim40\ ℃$，时间 $44\sim48$ 小时，液比 $1:8$。鞣制结束后还要中和水洗，所采用的技术条件为：温度 $40\ ℃$，时间 $6\sim8$ 小时（中和），液比 $1:8$，硫酸 $1.5\sim2.0$ 克/升，硫酸铵 $1\sim1.5$ 克/升，洗涤剂 1.5 克/升，纯碱 1 克/升，pH $2.5\sim3.0$，最终 pH 4.5（检查切口指示剂呈黄色为止）。一般洗涤剂和纯碱在中和 8 小时后加入。

表 7-3　狐皮鞣制的各种方案及其成品情况的比较

| 方案 | 鞣制 | | 成品情况 | 备注 |
	类型	浓度（克/升）		
Ⅰ	铝-铬鞣（Al_2O_3/Cr_2O_3）	1/0.6	皮板柔软、丰满程度差	
Ⅱ	纯铬鞣（Cr_2O_3）	0.7	皮板柔软、丰满较方案Ⅰ差，板厚、挺	
Ⅲ	纯醛鞣（HCOH）	5	皮板柔软、丰满，毛色洁白，接近方案Ⅶ	成品质量好，成本低
Ⅳ	醛-铝鞣（HCOH/明矾）	5/5	皮板柔软、丰满性较好	

方案	鞣　制		成品情况	备　注
	类型	浓度（克/升）		
V	铝鞣（Al_2O_3）	30	皮板柔软、丰满性较差，板死，延伸性差	
VI	醛-铬鞣（$HCOH/Cr_2O_3$）	5/0.2	皮板柔软、丰满、极薄，延伸性较好	
VII	艾波罗鞣剂/铵明矾/助鞣剂B	0.001/30/2	皮板柔软、丰满，延伸性好	成品质量好，成本高

三、鞣后整理

毛皮经过鞣制后，虽已具备使用价值，但还有一些缺陷，如皮板不够柔软、丰满；毛被不灵活，缺乏光泽；有的毛色较差，不够饱满、鲜艳。解决这些缺陷，可由鞣制后的整理工序来完成，主要包括毛皮染色、毛皮加油、毛皮干燥和整理。狐狸皮的后期整理相对较简单，主要通过转鼓、伸宽、拉长等操作达到去油、松散、增光的效果。

（一）染色

染色是毛皮整饰阶段中很重要的一道工序，但也并不是所有的毛皮都要染色。紫貂、水貂、银黑狐、猞猁等皮天然色泽美观，不需要染色。天然色泽一般或不为人们喜爱的毛皮，可通过染色、模拟等技术加以改善、美化。

（二）毛皮加脂（油）

1. 目的　实践证明，若将鞣制后的毛皮直接干燥，则干燥后皮板变硬，不耐弯折，缺乏柔软性。这是因为干燥会引起纤维脱水，纤维与纤维相互黏结在一起，降低了纤维相互之间的可移动性。为了防止产生这种现象，就需要加油。油脂作为一种润滑剂，渗入皮板内，散流于皮纤维之间，将皮胶原纤维包埋起来，促进皮胶原纤维的相互滑动，增加皮板的柔韧程度，皮板的抗张强度有所提高，延伸率也较大，透气性降低，耐水性增加。

2. 材料　常用毛皮加油材料按油脂的来源可分为天然动植物油、矿物油和合成加脂剂。按加脂材料所带电荷可分为阳离子型加脂剂、阴离子型加脂剂、非离子型加脂剂和两性加脂剂，其中最常用的是阴离子型加脂剂，如硫酸化蓖麻油、硫酸化鱼油等。

3. 方法　毛皮加脂通常采用涂刷法和乳液加脂法。采用涂刷法时，将毛皮的板面朝上，展平在加脂台上，然后将乳化好的加脂剂（温度 40 ℃）用鬃刷或布团均匀地涂于皮板上。涂刷时，先从皮板中部开始，然后向两腹、颈、肩和四肢涂刷。背脊部可多刷一些，边肷部可少刷一些。刷后，板对板或沿背脊线折叠，堆放 2 小时以上，待加脂液均匀渗入皮内后，再进行干燥。

（三）毛皮的干燥和整理

毛皮经鞣制、染色、加脂等湿加工后，需转入毛皮的干燥和整理阶段。主要工序有干燥、回潮、滚软、钩软、磨里、皮板脱脂、漂洗、梳毛、除尘、整修、量尺、验收等。根据加工的对象和方法不同，工序的增减、顺序、重复次数要相应地调整，从而使皮板达到轻、薄、软，毛被松散、灵活、光亮、清洁、无钩毛、无流沙。

1. 干燥　经鞣制、加脂后的毛皮，其含水量一般在60%以上，而毛皮成品的含水量要求在 12%～18%。湿皮的可塑性大，皮纤维未定型，无法进行机械操作，干燥后皮纤维组织定型，便于整理美化。

2. 回潮　已经干燥的皮，因加工需要，需重新使其吸收水分，称为回潮或回软。湿皮干燥以后，纤维处于黏结状态，面积收缩，皮身显得板硬。回潮的目的是使干燥后的毛皮得到适当的水分，变得柔软，以利于铲软等工序的进行。正确回潮，要求皮不宜过于或过湿，全张皮含水均匀，经回潮后皮板能拉开，且呈白色为宜。含水量为 18%～20%。可选用转鼓回潮法、直接喷水回潮法。

3. 钩软和铲软　经过回潮的毛皮用铲刀、钩软机、铲软机及磨里机等对皮板施以一定的机械操作，使皮纤维松散、伸展，并去掉皮板上的肉渣，通过铲软、磨里等操作使皮板尽量地变软、变薄、变轻，皮板洁净，同时注意不要使毛根露出，不要掉毛。

4. 皮板脱脂及漂洗　对于一些含油脂多的毛皮，单靠鞣前准备的脱脂是不够的，因为准备工段只能除去表面上的油脂，真皮内还有大量的油脂，如果不去除净，将会影响毛皮的使用。整理阶段的皮板脱脂，目前常采用干洗机干洗的方法。

将皮板脱脂后的皮放入洗涤剂溶液中洗涤，进一步除去毛皮上的污物、杂质和油腻，使成品柔软、丰满，提高延伸性和透气性，增加毛被光泽。漂洗所用的主要设备为划槽。技术条件：液比为 30 升/张，洗涤剂 4 克/升，纯碱 0.5 克/升，温度 50 ℃，时间 1 小时，pH 9.5～10。

5. 滚转、拉伸　为了使皮板柔软，毛被松散、灵活、光亮、洁净，增加毛被光泽，需对毛皮进行滚转。滚转、拉伸操作可重复进行多次。为了增强滚转效果，在锯末中可加入洗净的细河沙以及适量的轻汽油或松节油等有机溶剂。

6. 打毛 在打毛机上进行，除去毛被中的灰尘、锯末等。

7. 梳毛 一般在梳毛机上进行，将黏结的毛梳开，使毛朝一定的方向，同时去除残留在毛中的锯末、灰尘、浮毛，使成品外貌美观。要求操作细心，尽量少掉毛，不伤皮。

8. 除尘 是除去毛皮上的灰尘。要求毛皮在阳光下抖动，以不见灰尘为好。除尘可使用转笼。珍贵毛皮最好采用吸尘机除尘。

9. 量尺 经质量检查合格后，测定皮张面积，为裁制工段提供依据。量皮时，其面积误差一般要求不超过±2%。

第五节 狐皮质量评定

影响毛皮质量的因素很多，其中产区气候环境、种类、饲养管理、取皮季节等对毛皮质量的影响较大。在同样饲养管理条件下，不同产区狐皮的质量有显著差别。按照国际狐皮分等原则和方法，狐皮质量评定分述如下。

一、狐皮分等要素

底绒密度、针毛密度、针毛长度、毛皮的光泽度和弹性是决定狐皮质量等级的主要因素。狐皮的质量主要分为 SA-GA 皇冠级、SAGA 级、狐皮 I 级、狐皮 II 级、狐皮 III 级及以下的皮张五个等级。在质量检定的过程中，次等质量的狐皮会被除去。

1. 尺寸 每张狐皮的尺寸都根据国际标准，由自动化机器准确度量。狐皮的尺寸是从鼻尖至尾根的长度，有部分位置的毛皮如头部并不适合做一般生产，而且硝皮加工的过程会令皮板收缩，所以量度的面积并非都是能够实际利用的面积。

2. 色泽 北美世家皮草公司狐皮按色泽由深至浅分类。狐皮色泽分类如下：＋＋＋深—＋＋深—＋深—深；中等；浅—＋浅—＋＋浅—＋＋＋浅—＋＋＋＋浅。

3. 针毛 针毛的长度、密度和光亮度是决定狐皮质量等级的主要因素。按针毛的长度，狐皮可分为短针毛、中等针毛和长针毛三个类别。

4. 底绒 底绒的密度和弹性也是决定质量等级的关键因素。

5. 清晰度 底绒的颜色决定狐皮的清晰度，可分为清晰度 1 号、清晰度 2 号、清晰度 3 号和清晰度 4 号。

另外，还有色型等。

二、狐皮分级标准

（一）SAGA 皇冠级

1. 特征 达到皇冠级标准的皮张，外观一流，没有瑕疵，并具备以下特征：①绒毛浓密；②绒毛与针毛比例适中；③针毛齐短、密度规则；④针毛柔韧有光泽；⑤打皮及上楦手法正确。

2. 不能出现的问题 ①打皮时间过早北极狐；②毛发

严重卷曲；③毛色严重银化；④针毛缺失；⑤毛发有斑点或污点；⑥饲料及尿污染斑痕；⑦撕裂；⑧损坏；⑨臀部毛发不规则；⑩刮油及烘干不当。

（二）SAGA 级

1. 特征　如果绒毛质量稍差的皇冠级皮张没有大毛病，整体外观也很好，就可列为 SAGA 级。如果绒毛密度高，皮张质量稍差，也可列为 SAGA 级。

2. 不能出现的问题　①毛发严重卷曲；②毛色严重银化。

（三）狐皮Ⅰ级

Ⅰ级皮整体外观要好，没有大毛病。但绒毛密度较小，针毛略有不规则。

（四）狐皮Ⅱ级

Ⅱ级皮整体外观稍差，没有大毛病。导致皮张列入Ⅱ等的原因有：绒毛密度极低；针毛密度很低，无生气，分布不规则；刮油及上楦不当。

（五）狐皮Ⅲ级及以下的皮张

这个级别的皮张有大的毛病。导致皮张列入Ⅲ级的原因如下：

1. 饲料污渍　污点影响毛发上色，导致毛发集结，绒毛浆化，甚至改变皮肤原有性状。

2. 颜色发黄　绒毛上出现规则的陈旧污渍或饲养笼铁锈。

3. 臀部毛发不规则 皮张臀部位置出现深色、集结的毛发。

4. 损伤 客观原因引起的毛发损伤，如断发。

5. 霉变 刮油或烘干不当引起的区域性毛发脱落。

6. 斑点 染色不当引起的毛发上的阴影或发亮区域。

7. 针毛缺失 皮张几乎整体缺少针毛。

三、狐皮的质量鉴定

（一）鉴定方法

狐皮的质量鉴定包括仪器测定和感观鉴定两种方法。毛的长度、细度、密度、皮板厚度、伸长率、崩裂强度、撕裂强度等可通过仪器进行测定。目前普遍用感观鉴定法，通过看、摸、吹、闻等手段，凭实践经验，按收购标准进行毛皮质量鉴定。此法误差较大，尤其是初学者易产生片面性。

1. 看 看毛皮的产地、取皮季节、毛色、毛绒伤残和残损等。

2. 摸 用手触摸、拉扯、摸捻，了解毛皮板质量是否足壮，以及瘦弱程度和毛绒的疏密柔软程度。

3. 吹 检查毛绒的分散或复原程度，绒毛生长情况及其色泽。

4. 闻 狐皮贮存不当，出现腐烂变质时，有一种腐烂的臭味。

（二）检验毛绒品质

将狐皮放在检验台上，先用左手轻轻握住皮的后臀部，再用右手握住皮的吻鼻部，上下轻轻抖动，同时观察毛绒品质。细看耳根处有无掉毛，检验时要求毛绒必须恢复自然状态。毛绒品质主要是看毛绒的丰厚度、灵活程度、毛绒的颜色和光泽，毛峰是否平齐，有无伤残及尾巴的形状和大小。

（三）检验皮板

一般特征表现是皮板薄或略厚，但柔韧细致，有油性；板面多呈白色或灰青色。板质瘦弱的特征是皮板过薄，枯燥、无油性，弹性差，用手轻揉常发出"哗啦"的响声。

第八章
狐褪黑激素应用关键技术

褪黑激素（melatonin，MT）是由松果体分泌的吲哚类激素，主要通过与褪黑激素受体（melatonin Receptor，MTR）结合而发挥作用。MT 与其受体结合对动物机体多个功能系统产生调节作用，如促进睡眠，调节体温、生殖、免疫机能，同时具有抗氧化、清除自由基、提高免疫力、抗肿瘤、抗应激等多种生物学活性。近年来，褪黑激素在畜牧生产尤其是特种经济动物养殖中的应用研究广受关注。研究表明，褪黑激素可影响毛皮生长进程、皮张质量，促进动物生长发育尤其是生殖器官的发育，提高生产性能，影响脂肪沉积。

褪黑激素在狐的养殖中，主要应用于银黑狐、蓝狐和蓝霜狐。在诱导狐狸毛皮提前成熟和延迟公银黑狐发情方面使用效果良好，所以着重介绍这两方面的应用技术。

一、褪黑激素促进狐狸毛皮发育的实用技术

在夏季长日照期埋置外源性 MT，通过提高狐狸体内 MT 水平，可模拟短日照作用，诱导狐狸冬毛提前生长和成熟，从而降低饲养成本；同时，也有助于减少由于寒冷应激造成的动物体重减轻和毛皮损伤。

（一）埋置褪黑激素操作要点

1. 使用剂量　每只狐狸埋置 MT 量为 30 毫克。生产中常用 MT 粒，每粒含 MT 15 毫克，每只狐埋置 2 粒。

2. 埋置部位　背部两肩胛骨间颈部皮下埋置。

3. 操作方法　首先，将置入物按 2 粒/只装入特制的置入器内，对埋置部位皮肤及针头进行常规消毒，抓住埋置部位皮肤，将埋置针头插入皮下，推进置入物，拔出针头，用手触摸检查置入物是否确实注入狐的皮下，最后对置入部位进行消毒。

4. 使用时间　成狐 6 月中旬使用为宜；幼狐不宜过早使用，晚些效果较好，一般在 7 月 10—15 日使用为宜；留作种用的狐狸一般不使用 MT。

（二）应用效果

1. 狐皮提早成熟　夏季置入 MT 可以促使狐毛皮早熟。置入 MT 的公狐冬皮都在 9 月底或 10 月初发育成熟，较未使用 MT 的狐至 11 月下旬或 12 月上旬被毛成熟提前 6～8 周，而不会影响被毛质量。一般情况下，成年狐其毛皮可以提前 30～70天成熟，幼狐可以提前 15～30 天成熟，但是幼狐毛皮的最终成熟时间比成年狐要晚 15 天左右，这可能与 MT 在幼狐体内的代谢速度、药效散失速度及 MT 的半衰期等有关。银黑狐一般在埋置 MT 后 105～120 天取皮，北极狐为 90～95 天取皮。

2. 采食、生长加快　埋置 MT 后，狐狸表现食欲增加，采食量增大，生长增快，睡眠时间延长。

（三）注意事项

① 狐在置入 MT 后，食欲增加、生长加快，所以应保

证充足的饲料营养和饲料量。另外，还应减少光照管理和应激等。

② 切忌在背部皮下埋置。

③ 种用狐或患病狐忌用 MT 埋置剂。

（四）目前存在的问题及原因分析

对于 MT 埋置狐的皮张质量（被毛厚密程度、皮板厚度等）说法不一，主要表现在皮板较薄，从整体上看质量一般。导致激素皮质量不好的原因和对策分述如下。

1. 营养 经 MT 处理的狐提前开始冬毛生长，正逢夏季，一般情况下这是狐日粮营养水平较低的时期，如果在埋置后的饲养中营养没有得到及时补充，则其皮张质量会较差。所以被毛生长所需的营养物质供应不足可能是引起被毛质量下降的原因之一。因此，应用 MT 埋置技术，一定要加强埋置期狐的饲养管理，尤其是蛋白质和脂肪的添加量问题，提高皮张质量。

2. MT 处理时间及剂量的选择 若 MT 处理时间过短，同样不会有好的效果。一般应用 MT 缓释颗粒，一次埋置 2 粒（每粒含 MT 5 毫克），可维持 2～3 个月，只有在第一次埋置后 2 个多月时再补埋一次，才能维持到被毛完全成熟。

3. 光照 虽然经 MT 处理后，体内 MT 达到较高水平，但光照时数较长也会影响绒毛的产生。

4. 温度 虽然换毛这种生理现象是受光照控制的，但对于夏季就开始的冬毛生长，机体在一定范围内对于温度的适应性调节也有一定的作用，也会降低被毛密度。

5. 取皮过早 有些养殖场（户）为了缩短饲养周期，

在被毛没有完全成熟的情况下就屠宰剥皮，造成狐皮质量下降。

二、褪黑激素延迟狐狸发情的实用技术

银黑狐一般在 1—2 月发情，北极狐在 3—4 月发情。养狐业中为了生产银霜狐，往往要延迟公银黑狐的发情时间，而狐狸属于季节性繁殖动物，其性腺发育、发情配种和妊娠都受光照调控。为了改变其发情时间，传统的方法是采取控光养殖技术。使用褪黑素后，可以节约劳力，减少繁琐的日常管理，同样可达到预期的效果。

(一) 埋置褪黑激素操作要点

1. 使用剂量　40 毫克/只。

2. 置入部位及操作方法　背部两肩胛骨间颈部皮下埋置。

3. 使用时间　每年 11 月 15 日至 12 月 20 日。

(二) 应用效果

在 11 月 15 日至 12 月 20 日使用褪黑素，公银黑狐的发情时间可以延迟到 4 月，与北极狐的发情基本同步；对其精液品质影响不大，能确保在蓝母狐发情高峰期内采到符合输精标准的银公狐精液。基本达到属间同期发情的目的，解决了属间杂交繁殖半隔离问题。

(三) 注意事项

1. 埋置剂量　公狐埋不低于 40 毫克/头。

2. 埋置时间 选在冬至时进行。

3. 埋置对象 选择上年度配种能力强、配种次数多、配种结束晚的成年公狐。

三、MT 埋置器的安装与使用

（一）MT 埋置器的安装

MT 埋置器由针头、弹簧、助推器、针管和针管塞等 5 部分组成（图 8-1）。MT 埋置器的安装包括以下几个步骤。①左手持针管，右手拿弹簧，将弹簧装入针管内（图 8-2a）。②右手再取助推器，装入针管，让助推棒插入针管头（图 8-2b）。③右手取针管塞插入针管（图 8-2c）。④将针管交到右手，左手取针头，将针管头插入针头的针头孔，并扭紧（图 8-2d、图 8-2e）。

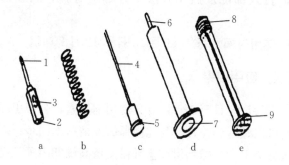

图 8-1　MT 埋置器

a. 针头　b. 弹簧　c. 助推器　d. 针管　e. 针管塞

1. 针尖孔　2. 针头孔　3. 投药窗口　4. 助推棒

5. 助推柄　6. 针管头　7. 针管塞孔

8. 针管塞头　9. 针管塞柄

狐狸高效养殖关键技术

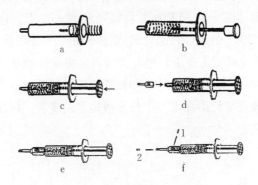

图 8-2　MT 埋置器的安装与使用

a. 将弹簧装入针管内　b. 将助推器装入针管内　c. 将针管塞插入针管

d. 将针头安到针管头上　e. 安装好的褪黑激素埋置器

f. 将褪黑激素置入物装入埋置器

1. 从投药窗口装入　2. 从针尖孔装入

（二）MT 埋置器的使用

MT 埋置器使用时，先将 MT 置入物装进针头，然后在一定部位置入狐皮下。

1. MT 置入物装入 MT 埋置器的方法　MT 置入物装入埋置器有两种方法：①从投药窗口将 MT 置入物一粒粒插入针头中；②将 MT 置入物从针尖孔一粒粒推入针头。针头一段最多能容纳 3 粒 MT 置入物（图 8-2f）。

2. MT 埋置部位　用东北林业大学繁殖实验室研制的专用埋置器，将 MT 置入物埋置于颈背部皮下。

3. 埋置过程　助手保定狐的头部和四肢，操作者用酒精棉给狐狸颈背部消毒，然后左手提起颈背部的皮肤，右手持装入一定剂量的 MT 埋置器，将针头与狐背部成 30°角刺入皮下，大拇指按住针管塞柄，缓慢加力，针管塞头推动助推器，助推棒推动 MT 置入物将药粒置入皮下，这时可隐约听到"噗"的声音，当针管塞推不动时弹簧完全被压缩，MT 已被全部置入皮下；松开大拇指，弹簧将助推器、针管塞推回原位；右手握住针头和针管将埋置器迅速拔出，用酒精棉对埋置部位消毒，左手松开被提起的皮肤，埋置完毕。

第 ⑨ 章
养狐场兽医卫生关键措施

第一节　养狐场的防疫措施

随着养狐业集约化、规模化的发展,"预防为主"方针的重要性更加突出。在大规模的兽群中,兽医工作的重点应放在群发病的预防方面,而不是忙于治疗个别病兽,否则会造成发病率不断增加,越治病兽越多,工作完全陷入被动的局面。

一、综合性措施

动物传染病的流行是由传染源、传播途径和易感动物三个因素相互联系的复杂过程。因此,消除或切断造成传染病流行的三个因素间的相互作用,就可控制传染病的流行。根据不同传染病的流行特点,找出重点措施,力争在较短期间内以最少的人力、物力控制传染病的流行。例如犬瘟热等,应以预防接种为重点措施;而狐狸阴道加德纳氏菌病则应以控制病兽和带菌兽为重点措施。但是只进行一项单独的防疫措施是不够的,必须采取包括"养、防、检、治"四个基本环节的综合性措施,分为平时的预防措施和发生疫病时的扑灭措施。

1. 平时的预防措施　贯彻自繁自养的原则，加强饲养管理，搞好卫生消毒工作，增强动物的抗病能力，减少疫病传播；定期预防接种和补种；定期杀虫、灭鼠，对粪便进行无害化处理；认真贯彻执行国家相关检疫工作，及时发现并消灭传染源；兽医机构应调查研究当地疫情，组织相邻地区对动物传染病的防控进行协作，防止外来疫病的侵入。

2. 发生疫病时的扑灭措施　及时发现、诊断和上报疫情，并通知邻近单位做好预防工作；迅速隔离病兽，对污染的地方进行紧急消毒。若发生重大疫病如炭疽等应采取封锁等综合性措施；进行紧急疫苗接种，对病兽进行及时、合理的治疗；对病死兽和淘汰病兽进行合理的处理。

预防措施和扑灭措施是互相联系、互相配合和互相补充的。

从流行病学的意义上来看，所谓的疫病预防（prevention）就是采取各种措施将疫病排除于一个未受感染的兽群之外。这通常包括采取隔离、检疫等措施不让传染源进入目前尚未发生该病的地区；采取集体免疫、集体药物预防、改善饲养管理和加强环境保护等措施，保障一定的兽群不受已存在于该地区的疫病传染。所谓疫病的防控就是采取各种措施，减少或消除疫病的病源，以降低已出现于兽群中疫病的发病数和死亡数，并把疾病限制在局部范围内。所谓疫病的消灭则意味着一定种类病原体的消灭。要从全球范围消灭一种疫病是很不容易的，至今很少取得成功。但在一定的地区范围内消灭某些疫病，只要认真采用一系列综合性兽医措施，如查明患病动物、选择屠宰、兽群淘汰、隔离检疫、兽群集体免疫、集体治疗、环境消毒、控制传播媒介、控制带菌者等，经过长期不懈的努力是完全能够实现的。

二、检疫

动物检疫工作得以正常运行和发展并发挥其应有的作用，是以有关的检疫法规作根本保证的。目前涉及动物检疫方面的法规有《中华人民共和国进出境动植物检疫法》《中华人民共和国进出境动植物检疫法实施条例》和《中华人民共和国动物防疫法》以及有关的配套法规，如《中华人民共和国进境动物 第一节 二类传染病、寄生虫病名录》《中华人民共和国禁止携带、邮寄进境的动物、动物产品及其他检疫物名录》等。《进出境动植物检疫法》是中国动植物检疫的一个重要法律，它对动物检疫的目的、任务、制度、工作范围、工作方式以及动检机关的设置和法律责任等作了明确的规定。《进出境动植物检疫法》和《动物防疫法》都是为了预防和消灭动物传染病、寄生虫病，保护畜牧业生产和人民身体健康而制定的。而《进出境动植物检疫法》主要是进出境动物检疫方面的内容，是立足国内动物防疫和检疫方面的规定。根据动物及其产品的动态和运转形式，动物检疫可分为产地检疫、运输检疫与国境口岸检疫。产地检疫是动物生产地区的检疫。做好这些地区的检疫是直接控制动物传染病的好办法。运输检疫可分铁路检疫和交通检疫两种；铁路检疫是防止动物疫病通过铁路运输传播，以保证农牧业生产和人民健康的重要措施之一；交通要道检疫是指无论水路、陆路或空中运输各种畜禽及其产品，起运前必须经过兽医检疫，认为合格并签发检疫证书后，方可允许委托装运。对在运输途中发生的传染病患病动物及其尸体，要就地认真处理；对装运患病动物的车辆、船只，要彻底清洗消毒；运输畜禽到达目的地后，要做好隔离检疫工作，待观察判明确实无病时，才能与原有健康动物混群。国境口岸检疫是为了维护国家主权和国际信誉，保障我国农牧业安全生产，既不能允许国外动物疫病传入，也不允许将国内动物疫病传到国外。为此，我国在国境各重要口岸设立动物检疫机构，由中华人民共和国出入境检验检疫局执行检疫任务。

三、隔离

隔离患病动物和可疑感染动物是防控动物传染病的重要措施之一。隔离患病动物是为了控制传染源，将疫情控制在最小范围内，就地扑灭。因此，发生动物传染病流行时，应先查明动物群中疫病的蔓延程度，逐只检查临床症状，必要时进行实验室检测，应注意不能使检查工作成为疫病散播传染的渠道。根据诊断检疫的结果，可将全部受检动物分为患病动物、可疑感染动物和假定健康动物 3 类，以便分别对待。

1. 患病动物 包括有典型症状或类似症状，及其他特殊检查阳性的动物，是危险性最大的传染源，应选择不易散播病原体、消毒处理方便的场所进行隔离。如病兽较多，可在原来的兽舍隔离。严密消毒，加强卫生和护理，需有专人看管，并及时治疗。隔离场所禁止闲杂人、兽出入和接近。工作人员出入要遵守消毒制度。隔离区内的用具、饲料、粪便等，未经彻底消毒处理，不得运出。没有治疗价值的病兽，应由兽医人员根据国家有关规定进行无害化处理。

2. 可疑感染动物　未发现任何症状，但与患病动物及其污染的环境有过明显的接触，如同群、同舍、使用共同的用具等。这类动物有可能处在潜伏期，有排菌（毒）的危险，应在消毒后，另选地方对其隔离、观察，出现症状的则按患病动物处理。有条件时，应立即进行紧急免疫接种或预防性治疗。隔离时间应根据相关传染病的潜伏期而定。

3. 假定健康动物　是指疫区内其他易感动物。应与上述两类严格隔离饲养，加强防疫消毒和保护工作，进行紧急免疫接种，必要时可根据实际情况分散喂养。

四、封锁

当暴发某些重要的动物传染病时，除严格隔离病兽之外，还应采取划区封锁的措施，以防止疫病向安全区散播或健兽误入疫区而被传染。封锁的目的是保护广大地区兽群的安全和人民的健康，把疫病控制在封锁区之内，发动群众集中力量就地扑灭。根据《中华人民共和国动物防疫法》的规定，当确诊为炭疽等一类传染病或当地新发现的传染病时，兽医人员应立即上报当地政府机关，划定疫区范围，进行封锁。封锁区的划分，必须根据相关传染病的流行规律、当时的疫情和具体条件，充分研究，确定疫点、疫区和受威胁区。执行封锁时应掌握"早、快、严、小"的原则，即执行封锁应在流行早期，行动果断迅速，封锁严密，范围不宜过大。根据《中华人民共和国动物防疫法》规定的原则，具体措施如下。

1. 封锁的疫点应采取的措施　严禁人、动物、车辆出入和动物产品及可能污染的物品运出。在特殊情况下人员必须出入时，需经有关兽医人员许可，经严格消毒后出入；对病死动物及其同群动物，县级以上农牧部门有权采取扑杀、销毁或无害化处理等措施，畜主不得拒绝；疫点出入口必须有消毒设施，疫点内用具、圈舍、场地必须进行严格消毒，疫点内的动物粪便、垫草、受污染的草料必须在兽医人员监督指导下进行无害化处理。

2. 封锁的疫区应采取的措施 交通要道必须建立临时性检疫消毒卡，备有专人和消毒设备，监视动物及其产品移动，对出入人员、车辆进行消毒；停止集市贸易和疫区内动物及其产品的采购；未污染的动物产品必须运出疫区时，需经县级以上农牧部门批准，在兽医防疫人员监督指导下，经外包装消毒后运出；非疫点的易感动物，必须进行检疫或预防注射。农村城镇饲养及牧区动物与放牧水禽必须在指定地区放牧，役畜限制在疫区内使役。

3. 受威胁区及其应采取的主要措施 疫区周围地区为受威胁区，应采取如下主要措施，对受威胁区内的易感动物应及时进行预防接种，以建立免疫带；管好本区易感动物，禁止出入疫区，并避免饮用疫区流过来的水；禁止从封锁区购买动物、草料和动物产品，如从解除封锁后不久的地区买进动物或其产品，应注意隔离观察，必要时对动物产品进行无害处理；对设于本区的屠宰场、加工厂、畜产品仓库进行兽医卫生监督，拒绝接受来自疫区的活体及其产品。

解除封锁：疫区内（包括疫点）最后一头患病动物被扑杀或痊愈后，经过该病1个潜伏期以上的检测、观察，未再出现患病动物时，经彻底消毒清扫，由县级以上农牧部门检查合格后，经原发布封锁令的政府发布解除封锁，并通报毗邻地区和有关部门。疫区解除封锁后，病愈动物需根据其带毒时间，控制在原疫区范围内活动，不能将它们调到安全区去。

五、消毒

消毒是贯彻"预防为主"方针的一项重要措施，是针对病原微生物的，并不要求消除或杀灭所有微生物；消毒是相对而不是绝对的，它只要求将有害微生物的数量减少到无害程度，而并不要求把所有有害微生物全部杀灭。传染源、传播途径及易感动物是传染病流行的 3 个基本环节，切断其中任何一个环节都能控制传染病的流行。消毒的目的就是消灭外界环境中的病原体，切断传播途径，阻止疫病继续蔓延。

（一）消毒的分类

根据消毒的目的，可分为预防性消毒、随时消毒及终末消毒 3 种。

1. 预防性消毒 指结合平时的饲养管理，对兽舍、场地、用具、饮水、运输工具、皮毛原料的消毒，以及对粪污的无害化处理旨在未发现传染病的情况下，对有可能被病原微生物污染的场所、物品和动物体等进行定期消毒，有效地减少传染病的发生，以达到预防一般传染病的目的。

2. 随时消毒 指在发生传染病时，对存在或曾经存在的传染源及被病原体污染的场所进行消毒，为了及时消灭刚从传染源排出的病原体而采取的消毒措施。消毒的对象包括病兽所在的兽舍、隔离场地，以及被病兽分泌物、排泄物污染和可能污染的一切场所、用具和物品，通常在解除封锁前进行定期的多次消毒，病兽隔离舍应每天和随时进行消毒。

3. 终末消毒 指在病兽解除隔离、痊愈或死亡后，或者在疫区解除封锁之前，为了消灭疫区内可能残留的病原体所进行的全面彻底的大消毒。主要包括环境消毒、饮水消毒、污水消毒、养殖场消毒、食品消毒与人员的卫生处理等。

（二）常用的消毒方法

1. 机械性清除 用机械的方法，如清扫、洗刷、通风等清除病原体，是较普通、常用的方法。如兽舍地面的清扫和洗刷等，可以使兽舍内的粪便、垫草、饲料残渣清除干净，随着污物的消除，大量病原体也被清除了。机械性清除不能达到彻底消毒的目的，必须配合其他消毒方法进行。根据病原体的性质，对清扫出来的污物进行堆沤发酵、掩埋、焚烧或其他药物处理。清扫后的兽舍地面还需要喷洒化学消毒药或用其他方法，才能将残留的病原体消灭干净。

2. 物理消毒法

（1）阳光、紫外线和干燥消毒 阳光是天然的消毒剂，其光谱中的紫外线有较强的杀菌能力，阳光的灼热和蒸发水分引起的干燥也有杀菌作用。一般病毒和非芽孢性病原菌，在直射的阳光下几分钟至几小时内可以被杀死，即使是抵抗力很强的细菌芽孢，连续几天在强烈的阳光下反复暴晒，也可以变弱或被杀灭。因此，阳光对于用具和物品等的消毒具有很大的现实意义。但阳光的消毒能力取决于很多条件，如季节、时间、纬度、天气等。因此，利用阳光消毒要灵活掌握，并配合其他方法进行。

在实际工作中，很多场合（如实验室等）用人工紫外线来进行空气消毒。根据波长可将紫外线分为 A 波、B 波、C 波和真空紫外线。消毒灭菌使用的紫外线为 C 波紫外线，其波长范围是 $200\sim275$ 纳米，杀菌作用最强的波段是$250\sim270$ 纳米。要求消毒用紫外线灯在电压 220 V 时，辐射的 253.7 纳米紫外线的强度不得低于 70 微米/厘米^2（普通 30 瓦直管紫外线灯在距灯管 1 米处测定的）。革兰氏阴性细菌对紫外线消毒最为敏感，革兰氏阳性菌次之。紫外线消毒对细菌芽孢无效。一些病毒也对紫外线敏感。紫外线虽有一定使用价值，但它的杀菌作用受很多因素的影响，如它只能对表面光滑的物体才有较好的消毒效果。对污染物表面消毒时，灯管距表面不超过 1 米，灯管周围 $1.5\sim2$ 米处为消毒有效范围，消毒时间为 $1\sim2$ 小时。

（2）高温消毒　火焰的烧灼和烘烤是简单而有效的消毒方法，但其缺点是很多物品由于烧灼而被损坏，因此实际应用并不广泛；不易燃的兽舍地面、墙壁、金属制品可用喷火消毒；应用火焰消毒时必须注意房舍物品和周围环境的安全。

（3）煮沸　大部分非芽孢病原微生物在 100 ℃的沸水中迅速死亡；大多数芽孢在 100 ℃沸水中 $15\sim30$ 分钟内也能被杀死。煮沸 $1\sim2$ 小时可以有把握地消灭所有的病原体；各种金属、木质、玻璃用具，衣物等都可以进行煮沸消毒。

（4）蒸汽消毒　相对湿度为 $80\%\sim100\%$ 的热空气能携带许多热量，遇到消毒物品凝结成水，放出大量热能，从而达到消毒的目的。这种消毒法与煮沸消毒的效果相似，在农村一般利用铁锅和蒸笼进行，高压蒸汽消毒在实验室和病死动物化制站应用较多。

3. 化学消毒法　化学消毒的效果取决于许多因素，例如病原体抵抗力的特点、所处环境的情况和性质、消毒时的温度、药剂浓度、作用时间等。应选择对病原体的消毒力强、对人兽的毒性小、不损害被消毒的物体、易溶于水、在消毒的环境中比较稳定、不易失去消毒作用、价廉易得、使用方便的化学消毒剂。

4. 生物热消毒　主要用于污染粪便的无害处理。在粪便堆沤过程中，利用粪便中的微生物发酵产热，可使粪便温度高达 70 ℃以上。经过一段时间，可以杀死病毒、细菌（芽孢除外）、寄生虫卵等病原体而达到消毒的目的，同时又保持粪便的良好肥效。在发生一般疫病时，这是很好的一种粪便消毒方法。但这种方法不适用于由产芽孢的细菌所致疫病（如炭疽等）的粪便消毒，这种粪便应予以焚毁。

六、杀虫

蝇、蚊等节肢动物是动物传染病的重要传播媒介，杀灭这些媒介昆虫和防止它们的出现，在预防和扑灭动物疫病方面有重要的意义。常用的杀虫方法有物理杀虫法、药物杀虫法等。

1. 物理杀虫法　以喷灯火焰喷烧昆虫聚居的墙壁、用具等的缝隙，或以火焰焚烧昆虫聚居的垃圾等废物；用沸水或蒸汽烧烫兽舍和衣物上的昆虫；低温的杀灭作用一般不大，只能暂停昆虫的生命活动。因在寒冷的影响下，节肢动物可陷于假死状态（原生质的冻结），如将假死状态的节肢动物放在适宜的温度下，它仍可复活；机械的拍、打、捕、捉等方法，也能杀灭一部分昆虫。

2. 药物杀虫法　主要是应用化学杀虫剂来杀虫，根据杀虫剂对节肢动物的毒杀作用，可将其分为胃毒作用药剂、触杀作用药剂、熏蒸作用药剂以及内吸作用药剂等。

（1）胃毒作用药剂　当节肢动物摄食混有杀虫剂如敌百虫等的食物时，这类药物在其肠道内吸收，可显出毒性作用，使之中毒而死。

（2）触杀作用药剂　大多数杀虫剂如除虫菊等，可直接和虫体接触，经其体表侵入体内使之中毒死亡，或使其气门闭塞窒息而死。

（3）熏蒸作用药剂　有些挥发作用较强的药剂，如敌敌畏等，可通过气门、气管、微气管吸入昆虫体内而死亡，但对正当发育阶段无呼吸系统的节肢动物不起作用。

（4）内吸作用药剂　如倍硫磷等喷于土壤或植物上，能为植物根、茎、叶表面吸收，并分布于整个植物体，昆虫在吸取含有药物的植物组织或汁液后，发生中毒死亡。

七、灭鼠

鼠类给人类经济生活造成了巨大损失，同时也严重危害了人与动物的健康。鼠类是很多种人与动物传染病的重要传播媒介和传染源，可以传播炭疽、布鲁氏菌病、结核病、土拉杆菌病、李氏杆菌病、钩端螺旋体病、伪狂犬病、巴氏杆菌病和立克次体病等。所以灭鼠对保护人与动物的健康以及国民经济建设具有重大意义。

灭鼠的工作应从两个方面进行，一方面根据鼠类的生态学特点防鼠、灭鼠，应从兽舍建筑和卫生措施方面着手，预防鼠类的繁殖和活动，使其难以得到食物和藏身之处，使鼠类在各种场所生存的可能性达到最低限度。另一方面，直接杀灭鼠类。灭鼠的方法大体上可分两类，即器械灭鼠法和药物灭鼠法。

八、免疫接种和药物预防

免疫接种是激发动物机体产生特异性抵抗力，使易感动物转化为不易感动物的一种手段。有组织、有计划地进行免疫接种，是预防和控制动物传染病的重要措施之一，如在犬瘟热、病毒性肠炎等病的防控措施中，免疫接种具有关键性的作用。根据免疫接种时机的不同，可将免疫接种分为预防接种和紧急接种。药物预防是为了预防某些传染病，在动物的饲料或饮水中加入某种安全的药物进行动物群体的化学预防，可以使受威胁的易感动物在一定时间内不受疫病的危害，这也是防控动物传染病的有效措施之一。

（一）预防接种

在经常发生某些传染病的地区、有某些传染病潜在的地区，或经常受到邻近地区某些传染病威胁的地区，为了防患于未然，在平时有计划地给健康兽群进行的免疫接种，称为预防接种，通常使用菌苗、疫苗、类毒素等生物制剂作抗原激发免疫。用于人工自动免疫的生物制剂可统称为疫苗，包括用细菌等制成的菌苗、用病毒制成的疫苗和用细菌外毒素制成的类毒素。根据生物制剂的品种不同，采用皮下、肌内注射等不同的接种方法。接种后经一定时间（数天至3周），可获得数月至1年以上的免疫力。

1. 预防接种计划　为了使预防接种做到有的放矢，应首先调查当地各种传染病的发生和流行情况。弄清楚过去曾经发生的传染病以及流行时间，以此作为参考拟订每年的预防接种计划。例如，某些地区为了预防犬瘟热等传染病，要求每年全面地定期接种 2 次。有时也进行计划外的预防接种，例如输入或运出动物时，为了避免在运输途中或到达目的地后暴发某些传染病而进行的预防接种。一般可采用抗原激发免疫（接种菌苗、疫苗、类毒素等），若时间紧迫，也可用免疫血清进行抗体激发免疫，后者可立即使机体产生免疫力，但维持时间仅半个月左右。

预防接种前，应对被接种的动物进行详细的检查和调查了解，特别注意其健康状况、年龄、是否怀孕或泌乳，以及饲养条件状况等。成年、体质健壮或饲养管理条件较好的动物，接种后会产生好的免疫力。反之，幼年、体质弱、有慢性病或饲养管理条件不好的动物，接种后产生的免疫力就弱些，也可能引起较明显的接种反应。怀孕母兽，特别是临产前的母兽，在接种时由于捕捉等影响或者由于疫苗所引起的反应，有时会发生流产或早产，或者可能影响胎儿的发育。泌乳期的母兽预防接种后，有时泌乳量会暂时减少。所以，对那些幼年、体质弱、有慢性病和怀孕后期的母兽，如果不是已经受到严重的烈性传染病的威胁，暂时不应进行疫苗接种。对于饲养管理条件不好的动物，在进行预防接种的同时，必须创造条件改善饲养管理。

接种前，应注意了解当地有无传染病流行，如发现疫情，应先安排对当时所流行疫病的紧急免疫接种。如无特殊疫病流行，则按原计划进行定期预防接种。一方面组织力量，向群众做好宣传发动工作；一方面准备疫苗、器材、消毒药品和其他必要的用具。接种时防疫人员要爱护动物，做到消毒认真，剂量、部位准确。接种后，要加强饲养管理，使机体产生较好的免疫力，减少接种的应激反应。

2. 应注意预防接种的反应　预防接种发生反应的原因很复杂，是由多种因素造成的。生物制品对机体而言属于异物，进入机体后总有个反应过程，只是反应的性质和强度有所不同。在预防接种中成为问题的反应是指不应有的不良反应。不良反应是指预防接种引起了持久或不可逆的动物组织器官的损害或功能障碍而致的后遗症。反应可分为正常反应、严重反应与并发症 3 类。

（1）正常反应　指因制品本身的特性而引起的反应，其性质与反应强度随制品而异。有些制品有一定毒性，接种后可以引起一定的局部或全身反应；有些制品是活菌苗或活疫苗，接种后实际是一次轻度感染，也会引起某种局部反应或全身反应。

（2）严重反应　在性质上，与正常反应没有区别，但反应程度较重或发生反应的动物数量超过正常比例。引起严重反应的原因较多，如生物制品质量差、使用方法不当，或个别动物对某种生物制品过敏。因此，严格控制制品质量和遵照说明书使用可以减少这类反应。

（3）并发症　指与正常反应性质不同的反应，主要有血清病、过敏休克、变态反应等超敏感反应。接种活疫苗后防御机能不全或遭到破坏时会扩散为全身感染和诱发潜伏感染。

3. 几种疫苗的联合使用　同一地区，同一种动物，在同一时间往往会有两种以上传染病流行。一般地，同时给动物接种两种以上疫苗可分别刺激动物机体产生多种抗体。这两种疫苗可能相互促进，有利于抗体的产生；也可能相互抑制，阻碍抗体的产生。同时，还应注意动物机体对疫苗的反应是有一定限度的，机体不能忍受过多刺激时，不仅可能引起较剧烈的接种反应，而且机体产生抗体的机能会减弱，从而降低免疫接种的效果。因此，联合使用疫苗需通过试验来验证。国内外经过大量试验研究，如犬瘟热、犬传染性肝炎联合苗，一针可防多病，可大大提高防疫工作效率，这是预防接种工作的发展方向。

4. 免疫程序　一个地区、一个养殖场可能发生多种传染病，而用来预防这些传染病的疫（菌）苗的性质不尽相同，诱导动物机体产生免疫力的能力也不尽相同。因此，养殖场需用多种疫（菌）苗来预防不同的传染病，也需要根据不同疫（菌）苗的免疫特性，合理地制订预防接种的次数和间隔时间，即免疫程序。免疫接种须按合理的免疫程序进行。免疫过的怀孕母兽所产仔兽体内在一定时间内有母源抗体，会影响疫苗接种的免疫效果。在生产中，没有一个可供统一使用的疫（菌）苗免疫程序，一般需要根据本地区、本养殖场具体情况制订相应的合理的免疫程序。

（二）紧急接种

紧急接种指在发生传染病时，为了迅速控制传染病的流行，而对疫区和受威胁区尚未发病动物进行的应急性免疫接种。从理论上说，应用免疫血清进行紧急接种较为安全有效，但因用量大、价格高、免疫期短，且往往供不应求，在实践中很少使用。多年的实践证明，在疫区内使用某些疫（菌）苗进行紧急接种是切实可行的。

在疫区，使用疫苗进行紧急接种，必须对受到传染威胁的动物逐头进行检查，仅能对正常无病的动物用疫苗进行紧急接种。对患病动物及可能已受感染的潜伏期动物，须进行严格消毒并立即隔离，不能进行紧急接种疫苗。在假定健康的动物中可能混有一部分潜伏期动物，处于潜伏期的动物在接种疫苗后不能获得保护，反而会促使其发病，因此在紧急接种后一段时间内兽群中发病有增多的可能，但因这些急性传染病的潜伏期较短，而疫苗接种后又很快就能产生抵抗力，所以发病率不久即下降，使传染病的流行很快停息。

（三）药物预防

群体化学预防和治疗是传染病防控的一个较新途径，某些传染病在一定条件下，采用此种方法可以收到显著的效果。所谓群体是指包括无临床症状的动物在内的动物群。养殖场可能发生的疫病种类很多，其中有些传染病的防控有有效的疫（菌）苗可用，但还有许多病尚无疫（菌）苗可以使用，还有些病虽有疫（菌）苗但实际应用存在问题。因此，对于这些传染病的防控，除了加强饲养管理，搞好检疫诊断、环境卫生和消毒工作外，使用药物防治也是一项重要措施。

现代化养殖场进行工厂化生产，必须努力做到动物群体无病、无虫、健康。而当前的饲养模式又极易使动物群体中流行传染病和寄生虫病，因而保健添加剂在生产中使用普遍。但是长期使用化学药物预防，容易产生耐药性菌株，影响防治效果。另外，长期使用抗生素等药物预防某些疾病，如绿脓杆菌病、大肠杆菌病、沙门氏菌病等，还会严重危害人类的健康。在某些国家倾向于用疫（菌）苗来防控这些疾病，而不主张采用药物预防。

第二节　养狐场生物安全体系建立

生物安全是目前最经济、最有效的疫病控制措施，是预防一切疫病的前提。养殖生产中疫病防控方面的生物安全主要是采取必要的有效措施，最大限度地消除各种理化和生物性致病因子对人和动物的危害，是动物生产中的一种安全保障体系，涉及诸多方面。将疫病的综合防控作为一项系统工程对待，在空间上重视整个生产、生态系统中各部分的有机联系，在时间上强调把各种综合防控措施贯穿于整个养殖生产的全过程，注意不同生产环节之间的联系以及对动物的影响，包括养殖场的设计与控制、人员和物品流动的控制和疫病控制等，确保动物处于最佳生产状态，最大限度地减少疫病发生的机会，从而取得最大的经济效益。

一、养殖场的选址和布局

坚持因地制宜，以自然环境条件适合于动物生物学特性、饲料来源稳定、水源质优量足、防疫条件良好、交通便利等为原则，根据生产规模及发展远景规划，全面考虑其布局。兽舍要建在地势较高、地面干燥、背风向阳的地方。场址选好后，对养殖场各部分建筑进行全面规划和设计，各种建筑布局合理，一般分为生产区（包括棚舍、饲料贮藏室、饲料加工室、粪污处理区等）、管理区（包括与经营管理有关的建筑物、职工生活福利建筑物与设备等）和疫病防治管理区（包括兽医室、隔离舍等）3 个功能区。依地势和主风向，职工生活区（居民点）应占全场上风向和地势较高的地段；其次为管理区；生产区设在下风向和较低处，但要高于疫病防治管理区，并在其上风向。生产区与管理区保持 100米距离，生产区与疫病防治管理区保持 200 米距离。生活区、管理区的生活污水，不得流入生产区，净道与污道分开。

二、引种

引种是新建养殖场进行的一项重要工作。引入种兽的质量直接影响以后产品的质量和数量。老场为改良原有兽群的质量，避免近亲繁殖，也要每隔几年适当引入一些优良种兽。为确保引种工作的成功，应该从饲养管理良好、兽群质量优良和卫生防疫好的兽场引种。在保证种兽质量的前提下，应就近引种，力求交通方便，便于运输。

三、建立严格的管理制度

养殖场应建立严格的管理制度。所有与饲养、动物疫病诊疗及防疫监管无关的人员一律不得进入生产区。确因工作需要进出生产区的，需经养殖场（小区）负责人批准并严格消毒后方能进出。进出生产区的饲养员、兽医技术人员及防疫监管人员等都必须依照消毒制度和规范严格消毒后方可进出。场内兽医不得随意外出诊治动物疫病，特殊情况需要对外进行技术援助支持的，必须经本场负责人批准，并经严格消毒后才能进出。各养殖栋舍饲养人员不得随意串舍，不得交叉使用圈舍的用具及设备。任何人不得将场外的动物及动物产品等带入场内。同时建立严格的日常消毒制度科学制订消毒计划和程序，严格按照消毒规程实施消毒，并做好人员防护；生产区出入口设与门同宽、长至少 4 米、深 0.3 米以上的消毒池，各养殖栋舍出入口设置消毒池或者消毒垫。适时更换池（垫）水、池（垫）药，保持药液有效；生产区入口处设置更衣消毒室。所有人员必须经更衣、手部消毒，经过消毒池和消毒室后才能进入生产区。工作服、胶鞋等要专人使用并定期清洗消毒，不得带出；进入生产区车辆必须彻底消毒，同时应对随车人员、物品进行严格消毒；定期或适时对圈舍、场地、用具及周围环境（包括污水池、排粪沟、下水道出口等）进行清扫、冲洗和消毒，必要时带兽消毒，保持清洁卫生。同时要做好饲用器具、诊疗器械等的消毒。发生一般性疫病或突然死亡时，应立即对所在圈舍进行局部强化消毒，规范死亡动物的消毒及无害化处理；所有生产资料进入生产区都必须严格执行消毒制度；按规定做好本养殖场（小区）消毒记录。

四、制订科学的疫苗免疫与药物预防程序

在对被接种的动物进行详细检查和调查了解的基础上，根据当地动物传染病流行的情况，结合具体的饲养管理、社会经济活动、自然条件等，制订科学的主要疫病的疫苗免疫接种程序或预防性用药程序，使受威胁的易感动物在一定时间内不受疫病的危害，这是防控动物传染病的有效措施。但免疫程序以及药物预防程序不是一成不变、一劳永逸的，在生产需要随时根据具体情况加以调整。

五、采取措施减少应激反应

应激反应指动物机体受到外界不良因素刺激后，在没有发生特异的病理性损害前所产生的一系列非特异性应答反应。在人工环境下，动物饲养密度过大，生活空间过于狭小，生长环境中人为的管理性干扰，特别是引种、出栏时的抓捕、运输及屠宰前的不适当处理，都会引起毛皮动物发生严重的应激反应。

要做到避免应激反应，就要排除应激源。应激源有多种，包括热应激、冷应激、追捕应激、噪声应激、管理应激、环境应激等。在饲养管理过程中要注意这些应激源的排除，使兽群有一个舒适的生存环境。在兽群有应激反应时，可在饲料中加入维生素、矿物质及微生态制剂或酶制剂，增强机体的抵抗力。

第十章

狐疾病防控关键技术

　　随着养殖规模化程度的不断提高，传染病发病急、发病率高、死亡率高的特点越发明显，疾病已成为影响养狐业健康发展和经济效益的重要因素。犬瘟热、细小病毒病、链球菌病等在一些地区养狐场呈现群发性特征，发病率较高。由于饲料不新鲜引起的狐发病死亡也屡见不鲜，流产、死胎及不发情等问题也困扰着养狐场。

第一节　病毒性疾病

一、犬瘟热

　　犬瘟热是由犬瘟热病毒引起的犬科（犬、狐、貉）、鼬鼠科（水貂、雪貂、黄鼬等）及部分浣熊科动物的一种急性、高度接触性传染病，是可对养狐业产生严重危害的重要疫病之一。临床以双相热、支气管炎、卡他性肺炎、胃肠炎、神经症状为主要特征，有的病例鼻部和足垫高度角化、龟裂。

　　【病原】犬瘟热病毒为副黏病毒科麻疹病毒属成员，有囊膜，对环境的抵抗力较弱，易被光和热灭活，对乙醚、三氯甲烷、甲醛、苯酚、季铵盐消毒剂、氢氧化钠和紫外线敏感。气温越低，存活时间越长。在室温下，组织或分泌物中的病毒可存活3小时，在−70℃或冻干条件下可长期存活。

【流行病学】犬瘟热病毒的宿主广泛，犬科（犬、狐狸、貉等）、鼬科（貂、雪貂、黄鼬等）和浣熊科（海豹、熊猫、浣熊等）、猫科（虎、豹、狮）动物均易感，且幼龄动物比成年动物更易感。幼龄动物在断奶15天后容易发生，并引起大规模传播。主要传染源是患病动物及健康带毒动物，病毒存在于患病动物和带毒动物的鼻液、泪液、血液、肝、脾、胸水、腹水等中，通过眼鼻分泌物、唾液、尿液和粪便向外排毒，也能通过飞沫、空气经呼吸道传染，还可以通过黏膜、阴道分泌物传染。部分患病动物愈后可长时间向外界排毒。未免疫的种兽所生幼仔断奶前发病率较高。免疫的种兽所生幼仔在哺乳期和断奶后15天前很少感染犬瘟热，但由于断奶后母源抗体消失，所以幼仔在断奶后15～20天属于极易感动物，此时发病率最高，死亡率高达80％～90％。

本病无明显的季节性，全年均可发生，主要在8—11月流行，呈散发、地方流行或暴发。当养殖场同时饲养多种毛皮动物时，一般先从最易感的动物开始流行，隔一段时间，再传播到其他动物。貉易感性较高，一般先发病，随后是狐和水貂，其中北极狐比彩狐和银黑狐易感。在犬瘟热流行过程中，成年兽有一定抵抗力，一般非配种期病势进展缓慢，而春季配种期，传染率增加。老年兽较少发病，一般于流行的中后期出现2％～5％发病。目前，犬瘟热的流行约70％为典型经过，30％为非典型经过。神经型犬瘟热在狐、貉、水貂中均少见。在引种、倒种和串种过程中常发生犬瘟热的流行，高峰时发病率可达70％以上。如果不及时采取有效措施，疫情将很快演变为地方性流行。该病会造成母兽流产、死胎及大批空怀。

【临床症状】潜伏期一般是 3～5 天；若毒株来源于异种动物，因为需要一段适应时间，所以潜伏期可延长到 30～90 天。患病初期，病狐精神委顿，食欲不振或缺乏。眼、鼻流出浆液性或脓性分泌物，有时混有血丝，发臭。体温 39.5～41 ℃，持续 1～2 天后下降至常温，此时病狐精神与食欲好转，2～3 天后再次发热，持续数周之久，即所谓的双相型发热，病情恶化，鼻镜、眼睑干燥甚至龟裂；厌食，常有呕吐和肺炎。部分病例发生腹泻，粪呈水样，或带血、有恶臭。病狐消瘦，脱水，脚垫和鼻过度角质化。

发热初期，少数幼龄狐下腹部、大腿内侧和外耳道发生水疱性脓疱性皮疹，康复时干枯消失，这可能是继发性细菌引起的。有的病例会出现神经症状，犬瘟热的神经症状因病毒侵害中枢神经系统的部位不同而有所差异：或呈现癫痫、转圈，或共济失调、反射异常，或颈部强直、肌肉痉挛，但本病常见的神经症状是咬肌群反复节律性的颤动。病狐出现惊厥症状后，一般以死亡转归。孕狐感染该病可发生流产、死胎和幼狐成活率下降等症状。

【病理变化】该病是一种泛嗜性感染，病变广泛分布。但主要病变是上呼吸道、眼结膜化脓性炎，肺出血、瘀血（彩图 10-1），支气管或肺泡内充满渗出液，胃黏膜潮红、出血（彩图 10-2），小肠有出血性肠炎，大肠常有很多黏液，直肠黏膜出血，脾脏肿大、出血（彩图 10-3），膀胱黏膜出血（彩图 10-4），肾脏上腺皮质变性，中枢和外周神经较少有肉眼可见变化。

【诊断】根据流行病学特点、临床症状以及病理变化可对本病作出初步诊断，确诊需进行实验室检测，可采用病毒分离鉴定、RT-PCR、ELISA 以及胶体金试纸条等检测方法。

【防控措施】本病一旦出现神经症状，病死率可达 90％以上，治疗意义不大，所以本病重在预防。

该病无特效疗法，即使在感染初期使用犬瘟热高免血清，效果也一般，多数病例预后不良。治疗原则是中和机体内的病毒，清热解毒，控制继发感染和并发症，加强护理，提高机体抵抗力，对症治疗，使病狐充分休息。对于病情较重或脱水的，应适当补液。对于高热的，可注射稍凉的葡萄糖生理盐水。防止继发感染，可选用抗菌药，如恩诺沙星、林可霉素等，尽量避免使用地塞米松。除了严格执行平时的防疫措施外，主要依靠疫苗免疫。

实际生产中，以犬瘟热单苗为主（包括冻结苗和冻干苗），免疫程序为：母兽 2 次/年，幼龄狐于 45 日龄左右免疫 1 次，间隔 15～20 天加强免疫 1 次。不同地区应根据各自地区犬瘟热的流行情况，及时调整免疫程序。

二、细小病毒性肠炎

细小病毒性肠炎是一种急性、烈性、高致病性、高度接触性传染病。该病由肠炎细小病毒引起，以胃肠黏膜炎症、坏死和白细胞高度减少为主要特征，表现为急性肠炎，剧烈腹泻，粪便混有许多脱落的肠黏膜、纤维蛋白和肠黏液的管状物。该病又称传染性肠炎或泛白细胞减少症。

【病原】肠炎细小病毒属于细小病毒科细小病毒属。该病毒对外界环境和各种理化因素有较强的抵抗力。自然条件下，病毒在被污染的器具和笼舍上可保存毒力长达 1 年。在pH 3～9 和 56 ℃的条件下，病毒可稳定存活 1 小时。病毒对甲醛、漂白粉、紫外线等较为敏感，煮沸、0.2%过氧乙酸和4%氢氧化钠均能将病毒杀死。

【流行病学】在自然条件下，犬科（狐、犬、貉等）、鼬科（貂、鼬、狸等）以及猫科（猫、虎等）动物对本病均易感。该病常呈地方性和周期性流行，传播迅速，全年均可发生，主要发生于5—10月，有明显的季节性。初春开始流行时，临床症状不典型，死亡较少，传播较缓慢，呈地方流行性。经过一段时间后，病毒毒力增强变为急性感染，一般初夏感染率和病死率最高。由于本病毒抵抗力强且带毒动物排毒时间长，一旦发生，则很难彻底根除，会反复发病。该病的主要传染源是病狐、带毒狐及感染本病的猫。耐过动物能获得较长时间的免疫力，并且会带毒、排毒至少1年。病毒大量存在于患病动物的肝、脾、肺及肠道里，并从各种分泌物、尿液和粪便中排出，污染器具、饲料、饮水、环境及人，通过直接和间接接触经呼吸道和消化道传播，使易感动物感染。50～60日龄的幼龄狐最为易感，发病率为70%以上，病死率高达90%；成年狐发病率为10%～30%，病死率25%～30%。接种疫苗后，有明显的效果。该病全年均可发生，主要发生于5—10月，有明显的季节性，其中南方5—7月多发，北方8—10月多发。

【临床症状】病狐以呕吐、腹泻和排血便为主要症状。一般幼狐先发病，1周内育成狐、成年狐和种狐相继出现相同症状。早期病狐被毛凌乱粗糙，精神沉郁，体温升高到40℃以上，饮水剧增；之后出现剧烈呕吐，腹泻，先排出腥臭、混有黏液的土黄色或灰白色软便，再为暗红色或咖啡色稀便，最后是番茄汁样的水样血便，恶臭难闻；后期病狐严重腹泻、脱水、虚弱消瘦，多因衰竭而死亡。

【病理变化】病狐主要特征为出血性肠炎和非化脓性心肌炎。病死狐消瘦，皮肤无弹性；肠道内有水样且混有血液的内容物，肠黏膜充血、出血甚至脱落坏死（彩图10-5）；腹腔内有淡黄色积液；心肌松弛；肝脏肿大、质脆。

【诊断】根据流行病学特征、临床症状和病理变化，尤其是在粪便内发现有柱状，灰白色、红黄色或灰褐色等多种颜色的黏液管套，可作出初步诊断，确诊需送实验室诊断。也可使用细小病毒快速检测试纸条检测。

【防控措施】目前，国内外无特效药物治疗该病。因此应以预防为主，加强平时的饲养管理，严格实施兽医卫生综合措施，定期进行免疫接种。

未免疫养殖场发病快、病程短、发病率和致死率高、恶化迅速，但当前大多养殖场会进行免疫，一般呈现温和型流行，死亡率低，而且很难治疗。发病时，采取有效的综合防治措施可快速控制病情的发展，减少死亡。狐发生细小病毒性肠炎后，可紧急接种疫苗或大剂量注射高免血清，若刚刚发病，建议淘汰病狐。治疗原则是抑制病毒，控制心肌炎，止血止吐，补液补糖，防止细菌性继发感染。常用的治疗方法是在发病早期注射大剂量高免血清；止血，可用止血敏（酚磺乙酰）、维生素K等；止吐，可用阿托品、胃复安等；治疗腹泻和防止继发感染，用喹诺酮类药物。因带毒狐排毒时间长达1年以上，所以耐过或治愈的狐不可留作种用，应尽快淘汰，若继续饲养必须严格隔离。

三、狐传染性脑炎

传染性脑炎是一种急性、败血性、致死性、接触传染性疾病，由犬腺病毒Ⅰ型引起，是对养狐业危害严重的传染病之一。该病以眼球震颤、高度兴奋、感觉过敏、肌肉痉挛等为主要特征，并伴有发热、呕吐、腹泻和便血等症状。

【病原】犬腺病毒Ⅰ型为腺病毒科哺乳动物腺病毒属成员，为线性双股 DNA 病毒。该病毒抵抗力强，对酸、热有一定的抵抗力，对乙醚、氯仿有耐受性。4 ℃保存 9 个月仍有传染性，室温下可存活 30～40 天，37 ℃存活 2～9 天，60 ℃ 3～5 分钟失去活性。碘酊、苯酚和氢氧化钠是常用的有效消毒剂。腺病毒Ⅱ型有弱毒疫苗，免疫性、安全性都较好，接种后 14 天即可产生免疫力。

【流行病学】本病常呈地方性流行，有时散发或呈暴发性流行。在流行初期，病狐死亡率高，中后期死亡率逐渐下降。不同品种、性别和年龄的狐均可感染本病，其中 3～6 月龄狐最易感，1 岁龄内狐感染率和死亡率较高。幼狐多呈暴发性流行，发病率为 40%～50%，死亡率较高；2～3 岁成年狐多为散发，发病率为 2%～3%；老龄狐很少患病。病愈后的狐可获得终生免疫。该病主要传染源是病狐、隐性感染狐、康复狐和患传染性肝炎犬、隐性感染犬、康复犬，其中康复和隐性感染的动物是带毒者，是最危险的传染源。患病动物及带毒者通过唾液、体液、粪尿等排出病毒污染饲料、饮水和周围环境，易感动物通过直接或间接接触而感染，经呼吸道和消化道传播。康复动物肾脏持续带毒，可长期随尿液排毒，因此尿液污染环境是本病最常见、最危险的传播途径。寄生虫也能传播本病。此外，本病可垂直传播，母兽通过胎盘、乳汁感染胎儿和幼龄动物。该病无明显的季节性，全年均可发生，但夏秋季由于幼龄狐多，饲养密度大，传播速度快，所以多发。

【临床症状】狐自然感染该病时，潜伏期为 10～20 天，多突然发生，呈急性经过，临诊上可分为急性、亚急性和慢性 3 种类型。

（1）急性型 大多病例为 3～10 日龄幼狐。病狐拒食、饮欲增加、流泪流涕、发热、呕吐、腹泻，随后出现神经症状，后期身体麻痹，昏迷死亡。病程短促，多为 1 天，有的也可长达 3～4 天。此型一旦发病，难以治疗，死亡率高。

（2）亚急性型 病例多见于成年狐。病狐表现喜卧、精神不佳、食欲不振或废绝、身体虚弱、体温升高、心跳加速、脉搏失常。部分病例出现结膜炎、便血或血尿。病狐精神时好时坏，病程长达 1 个月左右，最终转为慢性或死亡。

（3）慢性型 病例多见于老疫区或流行后期。病狐症状不明显，仅见轻度发热，食欲时好时坏，腹泻与便秘交替，贫血，结膜炎，逐渐消瘦，生长发育缓慢，很少死亡。

【病理变化】

（1）急性型 剖检病程在 1 天内的病狐多无明显变化。剖检病程 3～4 天的病狐多见各器官出血，常见于脑组织、心内膜和胃肠黏膜；肝脏肿大、充血、出血，呈淡红色或紫红色（彩图 10-6）。

（2）亚急性型 病狐口腔、眼睑等可视黏膜苍白或黄染，胸腹部皮下组织有出血点；肝脏肿大；肾脏肿大，表面有出血点（彩图 10-7）；胃肠黏膜上有大小不一的出血点或溃疡灶，有煤焦油样内容物。

（3）慢性型 病狐尸体明显消瘦、贫血，胸腹部皮下组织有散在点状出血，胃肠黏膜有出血点和溃疡灶。肝脏脂肪变性，呈土黄色或棕红色，肿大，质硬。

【诊断】根据流行病学、临床症状和病理变化一般可作出初步诊断。确诊需要进行实验室检查。

【防控措施】目前，该病尚无特效药物，应以预防为主。

加强饲养管理，科学饲喂，提高动物体质和抵抗力。做好消毒工作，将尿液、粪便、污水集中进行无害化处理。外来犬、猫严禁进入养殖场，本场饲养的犬必须接种犬传染性肝炎疫苗。养殖场尽量做到自繁自养，若要引进种狐，必须隔离检疫。目前国内多用犬肾细胞脑炎弱毒苗，每年在种兽配种前和仔兽分窝 21 天后进行预防接种，皮下注射单苗，每只 1 毫升。

发生传染性脑炎时，及时发现并尽早隔离治疗所有病狐和可疑病狐，到屠宰期为止。食具、饮水器等用具煮沸消毒并固定使用，污染的笼舍要彻底消毒，用 10%生石灰乳或10%～20%漂白粉消毒地面。病死狐尸体应深埋或焚烧。冬季取皮期应进行严格检疫，精选种狐，患过本病或同窝有本病发生及相接触的幼龄狐一律不能留作种用。

自然康复的病狐或犬能获得终生免疫，故可通过病愈的狐或犬获得特异性免疫血清。发病初期，使用抗血清，并配合对症治疗，防止继发感染且精心护理，可收到较好的效果；发病中后期，临床症状明显和病情危重的病狐，进行抗血清治疗效果不佳。据报道，按说明书使用高免血清，同时给病狐肌内注射维生素 B_{12}（幼龄狐 250～300 微克/只，成年狐 350～500 微克/只），连续用药 3～5 天，并拌喂叶酸，0.5～0.6 毫克/天，连喂 10～15 天，有一定疗效。

对假定健康群紧急接种狐传染性脑炎活疫苗，狐 3 毫升/只，1 周内不要使用抗病毒类药物，同时可联合一些增强免疫力的药物。发病紧急的狐场可给幼龄狐注射大剂量抗血清。

四、狂犬病

狂犬病是由狂犬病病毒引起的一种人兽共患传染病，也称恐水症，俗称疯狗病。该病会导致动物的急性脑炎和周围神经炎症，发病后人或动物的死亡率高达100%。该病的临床特征是神经兴奋和意识障碍，继之局部或全身麻痹而死亡。在病理组织学上，以非化脓性脑炎和神经细胞胞浆内出现内基小体为主要特征。

【病原】该病毒是弹状病毒科狂犬病病毒属成员，抵抗力不强，对酸、碱、新洁尔灭等消毒剂敏感，在紫外线、X射线下可迅速灭活，在70 ℃ 15分钟、100 ℃ 2分钟即可被杀死。该病毒在干燥状态下能抵抗100 ℃ 2～3分钟，且温度越低保存越久。脑组织中的病毒在4 ℃下能存活几个月。－70 ℃下存放的病料在几年内仍具有感染性。

【流行病学】狂犬病几乎感染所有的温血动物。犬、野生肉食动物、土拨鼠及蝙蝠等是主要的贮存宿主，同为犬科的狐、貉等毛皮动物也容易感染该病。表现健康但携带病毒的猫也是该病的重要传染源。病犬和带毒犬是家畜和人最主要的传染源，而狼、猴、浣熊、鹿、蝙蝠、啮齿类动物、鸟类等在该病流行过程中也起到了很重要的作用。

该病主要是经患病动物咬伤而感染，少数情况下也可由患病动物舔触健康动物伤口而感染，还可通过蝙蝠叮咬、胎盘或哺乳等多种途径传播。另外，狂犬病病毒可以通过气溶胶经呼吸道传播。

狂犬病病毒主要存在于患病动物的中枢神经系统中，唾液腺和唾液中含有大量病毒，并可随唾液排出体外。患病动物在出现临床症状前 10～15 天，以及临床症状消失后 6～7 天内，其唾液内均含有病毒。因此，很多表现正常的动物能传播狂犬病。蝙蝠感染狂犬病病毒后可呈亚临床感染，从而使蝙蝠成为狂犬病的一个重要传染源。该病多呈散发，无明显季节性。

【临床症状】该病的潜伏期一般为 2～8 周，最短为 8 天。狐、水貂、貉等毛皮动物的临床症状相似，一般可分为前驱期、兴奋期和麻痹期 3 个阶段。

（1）前驱期　病狐精神沉郁，常躲在暗处，有时在笼内不停走动或奔跑，少数有攻击行为；食欲减退，表现为大口吞食而不咽。该期病狐表现为反射机能亢进，轻度刺激即兴奋；病狐粪便一般发干多呈球状，流涎症状不明显，口端有水滴，体温一般无明显变化。

（2）兴奋期　病狐高度兴奋，狂躁不安，具有极强的攻击性，常攻击人畜或咬伤自己。在笼内表现为啃咬笼网及笼内食具，攀爬笼网，上蹿下跳。病狐常表现为极度兴奋和沉郁交替出现，表现特殊的斜视和惶恐的表情。随着病势发展，病狐食欲废绝，陷于意识障碍，反射紊乱，狂咬，散瞳或缩瞳，下颌麻痹，流涎等。

（3）麻痹期　病狐表现为下颌下垂，舌脱出口外，大量流涎，后躯及四肢麻痹，卧地不起，见水惶恐，最后因呼吸中枢麻痹或衰竭而死。死前病狐体温下降，流涎。

【病理变化】该病无特征性的剖检变化，一般表现尸体消瘦，血液浓稠，凝固不良。口腔黏膜和舌黏膜常见糜烂和溃疡。胃内常有石块、毛发、碎玻璃等异物，胃黏膜充血、出血或溃疡。脑水肿，脑膜和脑实质小血管充血，常见点状出血。肝脏肿大、呈土黄色或暗红色，切面外翻并流出酱油色凝固不良的血液。脾脏呈紫红色，肿大，有出血点。肠黏膜呈弥散性出血，肠腔内有黄色黏稠液体，部分肠段黏膜有坏死灶。

【诊断】根据病狐的临床症状并结合当地狂犬病的流行情况可作出初步诊断。确诊需进行实验室检查。

【防控措施】目前，国内外均无特效药物治疗该病。对于发病狐（水貂、貉），应尽快扑杀，防止其攻击人或其他动物。扑杀的病狐必须焚烧或深埋处理，不得食用，避免造成该病的传播。

动物接种狂犬病疫苗是预防该病最有效的方法，国内常用的兽用狂犬病疫苗有单独的弱毒疫苗或与其他疫苗联合制成的多联疫苗，免疫期均在 1 年以上。近年来，从国外引进毒力更弱的 ERA 株狂犬病弱毒疫苗，经肌内注射成年牛、绵羊、山羊、家兔均安全有效，可用于各种动物免疫。

对刚被患病动物咬伤的动物，应及时扩开伤口使之局部出血，再用肥皂水冲洗，以 0.1％升汞、3％苯酚、70％酒精、醋酸处理或进行烧烙。同时立即注射狂犬病疫苗。若同时用狂犬病免疫血清，则按每千克体重 1.5 毫升在伤口周围分点注射，于被咬后 72 小时内注射完毕，效果更好。

狂犬病为人兽共患病，在捕捉毛皮动物时要佩戴不易被咬破的手套，避免被咬伤。一旦被咬伤，应立即处理伤口并尽快注射疫苗。

第二节 细菌性疾病

一、破伤风

破伤风又被称为强直症，俗称锁口风，是由破伤风梭菌经过伤口感染引起的急性、中毒性人兽共患传染病。该病以全身肌肉或个别肌群强直性痉挛和神经反射性兴奋增高为主要特征。本病分布广泛，呈散在性发生，多见于马和羔羊，毛皮动物也时有发生。

【病原】破伤风梭菌是一种厌气性革兰氏阳性杆菌，能运动，无荚膜，细长，周身鞭毛。芽孢呈圆形，位于菌体顶端，直径比菌体宽大，似鼓槌状。本菌繁殖体抵抗力不强，但芽孢抵抗力强大，在土壤中可存活数十年。

【流行病学】各种动物均有易感性，破伤风梭菌在自然界中由伤口侵入动物体而致病，但破伤风梭菌是厌氧菌，在一般伤口中不能生长，伤口的厌氧环境是破伤风梭菌感染的重要条件。各年龄段均易感，无年龄差异。本病没有季节性，多散发，春秋两季雨水多时易发。

【临床症状】该病潜伏期一般为1～2周，最长可达数月。主要症状是对外界刺激的反应性增高，全身骨骼肌发生强直痉挛。病初精神沉郁，运动障碍，四肢弯曲，有食欲但采食咀嚼、张口吞咽困难，不能自如活动，惧怕声响。当受到突然刺激时，表现惊恐不安。排便迟滞，体温正常。

【病理变化】内脏无明显变化，黏膜、浆膜可能有出血点，四肢和躯干肌间结缔组织呈浆液性浸润，肺充血、水肿或有异物性肺炎症状。

【诊断】根据肌肉强直痉挛，反射兴奋增高，体温和食欲正常，可初步作出诊断。但对经过较慢和发病轻的病例，要注意与急性肌肉风湿病加以区分，其不同点是肌肉风湿病的体温升高，兴奋性不高，触诊患病部位有痛感。

【防控措施】预防本病的主要措施是减少或杜绝外伤，

一旦发现创伤，要及时处理创面，彻底消毒，破坏厌氧环境。平时要注意饲养管理和环境卫生，防止动物受伤。一旦发生外伤，要注意及时处理，防止感染。

二、巴氏杆菌病

巴氏杆菌病是由多杀性巴氏杆菌引起的一种出血性、败血性人兽共患传染病。

【病原】多杀性巴氏杆菌两端钝圆，中央微凸，不形成芽孢，无运动性。革兰氏染色阴性，碱性美蓝具有明显的两极染色特征。本菌的抵抗力不强，在直射阳光和干燥的情况下迅速死亡；56 ℃ 15 分钟、60 ℃ 10 分钟可被杀死，煮沸立即被杀死；一般消毒药在几分钟或十几分钟内可将其杀死；在生理盐水中迅速死亡，但在尸体内可存活 1～3 个月，在厩肥中亦可存活 1 个月。

【流行病学】多杀性巴氏杆菌对许多动物和人均有致病性，紫貂、银狐、北极狐、貉等都可感染。兽场常因投喂病禽及被污染的肉类饲料副产品而使兽群染病，以兔、禽类副产品最危险。带菌的禽、兔进入兽场，或混养在一个养殖场内，是本病发生的重要原因，因此切忌貂、兔、鸡混养。

各年龄段均可发病，一般幼狐易发。本病无明显的季节性，但以气候突变、阴雨潮湿的季节发病较多。

【临床症状】少数病狐突然倒地死亡，不表现症状；多数病狐精神沉郁，体温升高，食欲减退或废绝，被毛零乱无光泽，呼吸困难，咳嗽，鼻腔周围有血沫、黏液性或脓性结痂。

本病是常见的多发性条件性传染病，流行初期症状不典型，很少见到出血性败血症。幼狐发病率、死亡率高，如果不及时诊治，常引起较大经济损失。

【病理变化】鼻窦和副鼻窦内有黏液性或脓性鼻液，皮下、鼻腔、喉头、气管和支气管有不同程度的充血和出血；淋巴结出血、肿大；肺脏肝样病变，有出血点及出血斑，有的呈片状出血，特别是急性死亡的病例，肺脏有明显的出血、水肿，两侧肺均大面积出血，肺脏肝样病变，失去呼吸功能；肝脏肿大、有少量灰白色坏死灶；十二指肠、空肠、回肠肿大，失去弹性，呈灰白色；膀胱黏膜呈弥漫性出血。

【诊断】根据流行特点和病理变化可以作出初步诊断。进一步确诊需进行细菌分离鉴定。

【防控措施】保持环境卫生，改善饲养管理，给予新鲜易消化的饲料。加强饲养场的卫生防疫工作，畜禽肉类及下脚料一定要给煮熟、煮透再饲喂。阴雨连绵或秋冬季节交替时，应加强饲养管理。切忌毛皮动物和兔、鸡、鸭、猪、犬等混养。发生过本病的养殖场可预防接种多杀性巴氏杆菌疫苗。发病早期应用抗生素和磺胺类药物能收到较好的治疗效果。肌内注射恩诺沙星每千克体重 5 毫克，1 次/天，联用青霉素每千克体重 20 万单位，3 次/天，均连用 3～5 天。

三、链球菌病

链球菌病主要是由 α、β 溶血性链球菌引起的多种人兽共患病的总称。动物链球菌病中，以猪、牛、羊、马、鸡较常见。近年来，水貂、犊牛、兽和鱼类也有发生链球菌病的报道。链球菌病的临床表现多种多样，可以引起败血症、化脓创及急性死亡，也可表现为各种局限性感染。

【病原】链球菌为革兰氏染色阳性球菌，直径约1微米。

（1）α溶血性链球菌　可引起仔狐肺炎，故又称为肺炎链球菌，多呈双排列，也有的呈单个或短链状，菌体呈矛头状，宽端相对，尖端向外，有毒株在体内形成荚膜。

（2）β溶血性链球菌　呈短链排列，一般4~5个排列，也有的20~30个排列，甚至上百个排列。在血琼脂培养基上，菌落周围形成完全透明的溶血环，也称乙型溶血。该菌能引起人类的"猩红热"。

【流行病学】本病在寒冷和炎热季节多发，特别是夏季高温高湿环境，饲料容易腐败变质时多发。同群之间容易互相传播，造成大范围发病死亡。

α溶血性链球菌为条件致病菌，存在于健康动物的呼吸道、消化道内及体表。肺炎球菌病在各种应激条件下容易发生，主要由于天气寒冷，小室保暖不好或通风不良，先是引起感冒而后继发该病；或天气高温高湿，小室通风不良、闷热而诱发的。多经呼吸道和消化道传播。仔狐容易发生，发病率、死亡率很高，成年兽也可发病，但死亡较少。

β溶血性链球菌病多发生于幼狐，大多在出生后5~6周开始，7~8周达到高潮，在临床上见到的病例要远少于肺炎球菌病。该病可经外伤或消化道感染。其发生多是由于饲喂病禽及污染的肉类饲料、下脚料及饮水而感染，可通过污染的垫草、饲养工具传播。

【临床症状】

（1）肺炎链球菌病（α溶血性链球菌病）　病狐精神沉郁，鼻镜干燥，可视黏膜潮红或发绀，常卧于小室内，食欲减退，严重拒食，蜷缩成团，精神沉郁，体温高至39.5~41℃，弛张热，呼吸困难，呈腹式呼吸，食欲废绝，死亡率极高。有时无临床症状，突然死亡。死前尖叫，抽搐、四腿划动，有明显的神经症状。发病狐在发情季节不发情，妊娠母狐发生流产。发病时，有时急性死亡很多，几天内全群死亡过半，也有的病例出现零星发病、死亡，发病不规律。

（2）链球菌病（β溶血性链球菌病） 狐拒食，不愿活动，步态蹒跚，精神沉郁，呼吸急促而浅表。一般在出现症状后 24 小时内死亡。如果出现暴发流行，可见一些病例出现流鼻涕、结膜炎、痉挛、尿失禁、共济失调等症状。若治疗不及时，死亡率很高。

【病理变化】

（1）肺炎链球菌病（α溶血性链球菌病） 急性经过的尸体营养状态良好，口角有分泌物。肺充血、片状出血（彩图 10-8），尤以尖叶最为明显，肺小叶之间有散在的肉变区（炎症区），切面呈暗红色，有血液流出。支气管内有泡沫样黏液。心扩张，心室内有多量血液。器官黏膜有泡沫样黏液。脾脏有出血性梗死。

（2）链球菌病（β溶血性链球菌病） 急性、亚急性病例营养状况良好，死后脾脏肿大，切面外翻，表面粗糙，呈紫红色，间有小出血点、片状出血斑和出血性梗死。肝脏充血、肿大，呈红色或淡黄色，有粟粒大散在的坏死灶，质地变软。肾脏肿大，有出血点和瘀血斑，并有小化脓性坏死灶。肺呈卡他性炎症。肠淋巴结肿大，有小出血点。脑膜充血和出血，脑血管充血，灰质出血。

【诊断】根据临床症状与病理变化可作出初步诊断，如需分型须送实验室进行分离培养鉴定。

【防控措施】应特别注意天气变化，防止应激，在狐产仔前消毒小室并垫以清洁干燥的垫草。天气骤变时要注意保温，增加垫草，防止感冒。在不良的天气，应减少对仔兽的检查。注意饲料卫生，对污染或可疑饲料应煮熟后饲喂。不用来源不清楚或污染的垫草。不用硬刺的垫草，以免狐被刺伤。可应用制备自家链球菌多价灭活疫苗，肌内注射，1毫升/只，间隔10～14天再注射1次，至出栏。

四、大肠杆菌病

大肠杆菌病是由大肠杆菌引起的一种传染病，是由一定血清型的致病性大肠杆菌及其毒素引起的一种肠道传染病。主要侵染幼龄毛皮动物，常呈现败血症，伴有下痢、血痢，并侵害呼吸器官或中枢系统。成年母狐患本病常引起流产和死胎。

【病原】大肠杆菌是中等大小杆菌，无芽孢，有鞭毛，有的菌株可形成荚膜，革兰氏染色阴性。大肠杆菌对热的抵抗力较强。本菌对一般消毒剂敏感，对磺胺类药物及抗生素等极易产生耐药性。

【流行病学】饲喂患大肠杆菌病动物的肉和内脏或被大肠杆菌污染的肉类、饮水和奶类饲料，是本病发生的主要原因。患病动物的粪尿常含有大肠杆菌，容易感染同窝其他个体。天气骤变、圈舍潮湿、饲养管理不良、饲料质量低劣引起狐消化不良时易发生该病，如不及时治疗会造成大批死亡。

本病主要通过消化道、呼吸道感染，交配或被污染的输精管等也可经生殖道造成传染。老鼠粪便常含有致病性大肠杆菌，可污染饲料、饮水而造成传播。

本病多发于春至秋初，主要发生于密集化养狐场，幼龄狐多发，特别是断奶前后的狐；成年狐亦能发生，在配种前会出现一定数量的发病母狐。潮湿、通风不良的环境，过冷、过热或温差过大，有毒有害气体长期存在，营养不良（特别是维生素的缺乏）以及病原微生物（如支原体及病毒）感染所造成的应激等均可促进本病的发生。

【临床症状】自然感染病例潜伏期变化很大，其时间取决于狐的抵抗力、大肠杆菌的数量和毒力，以及饲养管理状况。北极狐和银黑狐的潜伏期一般为2～10天。

病狐无眼眵，鼻液正常，鼻镜稍干，食欲减少或废绝，精神沉郁，眼球深陷，脱水明显，腹部膨胀，被毛粗乱无光泽，肛门周围被稀便污染，呆立；有的病狐颤抖，虚弱不能站立，体温升高，但四肢发凉。腹泻，病初有的排黄绿色稀便；后期有的排水样便，有的粪中带有血液或脱落的肠黏膜，气味腥臭，灰色或灰褐色，带黏液，有的排出粪便如煤焦油状，全身脱水，皮肤弹性下降，眼眶下陷，迅速消瘦，很快死亡。

【病理变化】尸体消瘦，心包常有积液，心内膜下有点状或带状出血，心肌呈淡红色。肺脏颜色不一致，常有暗红色水肿区，切面流出淡红色泡沫样液体。胃肠道主要为卡他性或出血性炎症病变，肠管内常有黏稠的黄绿色或灰白色液体。肠壁变薄，黏膜脱落，布满出血点。肠系膜淋巴结肿大、充血或出血，切面多汁。肝脏呈土黄色，出血，个别病例瘀血肿大，有的有出血点。脾脏、肾脏肿大、出血。胸腔器官肉眼病变不明显，个别见肺脏出血。腹腔内有大量橘黄色积液，有恶臭味。胃内容物呈煤焦油状，胃底黏膜充血、出血。十二指肠、结肠、盲肠内均有不同程度的出血、充血和炎性病变，内容物为煤焦油状。肾脏、脾脏病变不明显。

【诊断】根据发病情况、临床症状、病理变化可作出初步诊断。确诊需进行实验室检查。

【防控措施】禁止用患病禽肉及其内脏作为饲料饲喂。动物性饲料最好煮熟饲喂，特别是夏季，发现有异味、存放时间较长的一定要弃去不用，吃剩的饲料要及时清理避免变质。在饲料储藏、运输和加工过程中要注意卫生，以防污染。加强哺乳期和断奶后仔狐的饲养管理和卫生工作。

五、沙门氏菌病

沙门氏菌病是由肠炎沙门氏菌、猪霍乱沙门氏菌、鼠伤寒沙门氏菌等引起，以发热，下痢，消瘦，肝、脾肿大为特征。

【病原】沙门氏菌无荚膜和芽孢，为革兰氏阴性、两端钝圆的短杆菌。冷冻对于沙门氏菌无杀灭作用，在−25℃可存活10个月左右。不耐热，55℃1小时、60℃15～30分钟即可被杀死。在水中可生存2～3周，在粪便中可存活1～2个月，在腌肉中可存活2～3个月，在牛乳和肉类食品中可存活数月。沙门氏菌对大多数抗菌药物敏感，但对青霉素不敏感。对化学消毒药抵抗力不强，常规消毒药即可杀死该菌。

【流行病学】主要由饲喂了被沙门氏菌污染的肉类饲料和饮水而引起感染，鼠类也在本病传播中起到一定作用。常成窝或成群发病，短时间内波及全群动物，死亡率较高。当毛皮动物机体抵抗力下降时，易暴发本病。本菌主要通过消化道和呼吸道传播，另外自然交配或人工授精也是该病水平传播的重要途径，同时也可通过子宫感染垂直传播。此外，当机体抵抗力降低时，隐性感染的病菌可被激活，使狐发生内源性感染。

本病一年四季均可发生，一般于6—9月多发，常呈地方性流行。饲养管理条件差、天气恶劣、仔狐处于换牙及断奶期、长途运输或并发其他疾病，都可引发和加剧病情。该病主要侵害1～3月龄的幼狐。成年狐如饲喂沙门氏菌污染的饲料，可引发严重疾病，导致妊娠狐发生流产。

【临床症状】狐自然感染的潜伏期为8～20天，平均14天；人工感染的潜伏期为2～5天。

（1）急性发病狐　体温可达41～42℃。临床以精神沉郁，食欲废绝，下痢，粪便恶臭或带血，脱水，消瘦等为主要症状。妊娠母狐发生流产；出生时外表正常的仔狐，出生后不久便开始发病，往往在2～3周内出现下痢或死于败血症。病程长的病狐腕关节和跗关节可能肿大，有的伴有支气管炎和肺炎等。

（2）亚急性和慢性经过的病狐　主要表现胃肠机能紊乱，体温升高。临床症状以精神沉郁，呼吸浅而急，食欲减退，被毛蓬乱无光，眼窝下陷，后肢常呈海豹式拖地为主要特征。有的病例出现化脓性结膜炎、黏液性鼻漏、咳嗽。病狐下痢并很快消瘦，粪便为水样，混有大量胶状黏液，个别混有血液，有的病狐还出现呕吐症状。后期出现后肢不全麻痹，在高度衰竭后，7～14天死亡。慢性经过的病狐，3～4周死亡。

【病理变化】病狐均出现黏膜黄疸，皮下组织、骨骼肌、腹膜和胸腔器官也常见黄疸。回肠和大肠黏膜发红呈颗粒状，稍肿，肠壁增厚并形成皱褶，表面覆盖灰黄色坏死物。肝脏肿大，呈土黄色，小叶纹理展平，切面黏稠外翻。胆囊肿大，充满黏稠胆汁。脾脏明显肿大，体积为正常的 6～10倍，切面多汁。肝门及肠系膜淋巴结肿大，触摸柔软，呈灰色或灰红色。肾脏肿大呈暗红色，在包膜下有点状出血。膀胱空虚，黏膜上有散在出血点。流产胎儿皮下水肿，胸腹腔有大量积液，内脏浆膜上有纤维素性渗出，心外膜和肺脏出血，胎盘无明显肉眼病变。

【诊断】根据临床症状、病理变化可作出初步诊断，确诊可将分离菌与沙门氏菌 AFO 多价血清做平板凝集试验。

【防控措施】搞好卫生，消灭苍蝇和鼠类，防止其他动物进入狐场；加强饲养管理，增强机体抵抗力。幼狐培育期必须饲喂质量好的鱼肉饲料，日粮营养全面平衡，饲料最好煮熟后饲喂，不可频繁换料。定期在饲料中添加抗生素类药物。一旦发现疑似症状，及时更换新鲜饲料，防止疾病扩散。

该病治疗可以参照大肠杆菌病的治疗措施。

六、魏氏梭菌病

魏氏梭菌又称产气荚膜梭菌，是一种分布极广的条件性致病菌，当机体抵抗力下降时，即可引起狐发生魏氏梭菌病，以肠毒血症为主要特征。

【病原】魏氏梭菌在土壤、饲料、粪便及畜禽肠道中均可生存。一般可分为 A、B、C、D、E、F 6 个型，引起狐魏氏梭菌主要为 A 型。此菌为革兰氏阳性的粗短杆菌，呈单个或成对存在，菌落圆整。繁殖体对不良环境和消毒剂敏感。部分菌有芽孢，位于菌体的中央或一端。芽孢对干燥、热、消毒剂具有很强的抵抗力。

【流行病学】该病常呈散发流行，春秋季节多发，气候剧变也易诱发本病。在饲养管理较好的养狐场很少发病，卫生条件差的养狐场发病严重，特别是双层笼饲养或一笼多狐。本病主要经消化道感染。发病初期，出现个别死亡病例，病原体随粪便排出体外，污染周围环境，毒力不断增强，1～2个月内可大批发病，幼龄狐易感，成年狐偶有发病。

【临床症状】潜伏期为12～24小时，流行初期一般无任何临床症状而突然死亡。病程稍长时，患狐食欲减退，很少活动，呕吐，粪便多为绿色液体，有的呈血便，常发生肢体麻痹或呈昏迷状态，死亡率高，常在90％以上。

【病理变化】甲状腺增大并有点状出血。肝脏肿大，呈黄褐色或黄色。胃黏膜出血，幽门部有小溃疡。肠系膜淋巴结增大，有出血点，切面多汁。肠道出血、黏膜脱落（彩图10-9）。肠内容物呈褐色，混有黏液和血液。肠道内充满气体或充血，似血肠样。肝肿大呈褐色，有斑点。

【诊断】根据流行病学、临床症状、病理变化可初步诊断，确诊需进行实验室检查。此菌在牛乳培养基中大量产气，形成"暴烈发酵"现象。

【防控措施】动物性饲料煮熟后不可堆放，要均匀摊开，蔬菜类要洗净后再饲喂。做好环境卫生消毒，笼舍定期用2％～3％氢氧化钠溶液消毒，粪便和其他污物进行生物发酵消毒，地面常用15％新鲜漂白粉溶液喷洒消毒。

多数病狐病程短、死亡快，常来不及治疗。对于病程稍长的病例，可肌内大剂量注射青霉素，每天2次，连用3～5天；同时大群口服甲硝唑，剂量每千克体重20毫克，每天2次，连用3～5天，并口服补液盐。

对于假定健康狐群，以下措施任选其一：

① 全群口服甲硝唑每千克体重 20 毫克，同时应用磺胺间甲氧嘧啶，口服，每千克体重 30 毫克，均为 2 次/天，连用 3~5 天；饲料中加入 1‰木炭粉。

② 全群口服甲硝唑每千克体重 20 毫克，每天 2 次，连用 3~5 天；同时应用氟苯尼考，口服，每千克体重 20 毫克，1 次/天，连用 3~5 天；饲料中加入 1‰木炭粉。

③ 全群口服甲硝唑每千克体重 20 毫克，同时应用阿莫西林，口服，每千克体重 50 毫克，均为 2 次/天，连用 3~5 天；饲料中加入 1‰木炭粉。

七、克雷伯氏菌病

克雷伯氏菌属可引起各种毛皮动物发病，主要有肺炎克雷伯氏菌、臭鼻克雷伯氏菌和鼻硬结克雷伯氏菌。

【病原】本病的病原为肺炎克雷伯氏菌，对外界抵抗力强，对多数抗生素易产生耐药性。革兰氏染色阴性，短杆菌，两端较钝，浓染，细菌排列特征为两菌相连，有明显肥厚的荚膜，大小（0.5~0.8）微米×（1.0~2.0）微米。

【流行病学】春季多发，该病多因饲喂污染的饲料感染，也可通过病狐的粪便和被污染的饮水传播。受到应激时，狐机体抵抗力下降，容易感染肺炎克雷伯氏菌引起发病，偶尔能引发败血症。具体传染方式尚不十分清楚。幼龄狐多发。

【临床症状】病狐体温升高，精神沉郁，食欲减退，被毛逆乱，结膜苍白，呼吸浅速，偶尔咳嗽，鼻腔有脓性分泌物，站立不稳。

【病理变化】病狐主要表现上呼吸道黏膜充血、水肿，肺充血、出血、气肿。慢性病例主要表现化脓性胸膜炎，颈淋巴结、肾、肝有脓肿，肺呈"肉芽肿性"实变、膨胀不全、表面有灰白色小结节。

【诊断】根据临床症状、病理变化可作出初步诊断，确诊需分离到有致病性的病原菌。

【防控措施】加强狐舍的环境卫生，可用过氧乙酸进行环境消毒；加强饲养管理，饲料最好熟喂。淘汰病情严重、无治疗意义的病狐。病情较轻的可用头孢噻呋进行肌内注射，每千克体重5毫克，1次/天；同时用卡那霉素肌内注射，每千克体重2万单位，2次/天。也可用氟苯尼考，每千克体重20毫克，肌内注射，1次/天，连用3～5天；同时用庆大霉素，每千克体重2万单位，肌内注射，2次/天。

假定健康狐的预防性治疗：

（1）头孢氨苄 每千克体重40毫克，混饲，3次/天，连用3～5天；同时用氧氟沙星，每千克体重5毫克。混饲，2次/天，连用3～5天。

（2）氟苯尼考 每千克体重20毫克，混饲，1次/天，连用3～5天。

（3）氧氟沙星 每千克体重5毫克，混饲，2次/天，连用3～5天；同时用庆大霉素，每千克体重2万单位，混饲，2次/天，连用3～5天。

八、狐加德纳氏菌病

狐阴道加德纳氏菌病是导致狐繁殖失败的主要病因之一，可致狐的泌尿生殖感染、不孕和流产，由狐阴道加德纳氏菌所引起。1987年，我国首次分离到阴道加德纳氏菌并报道该病。该病在我国发病呈上升趋势，应引起重视。

【病原】加德纳氏菌无菌膜、芽孢和鞭毛。对各种消毒药敏感，对磺胺类药物耐药，对庆大霉素、红霉素、氨苄青霉素敏感。分离到的细菌多为革兰氏阴性，呈多形态性，有球杆状、杆状，大小（0.6～0.8）微米×（0.7～2.0）微米，呈单个、短链、长链或"八"字形排列。

【流行病学】感染狐是本病的主要传染源。主要经生殖道或外伤感染，妊娠母狐可垂直传播给胎儿。

银黑狐、北极狐、彩狐、赤狐、貉及水貂均易感，以狐最为敏感。配种期后感染率显著上升，空怀、流产狐感染率最高，育成狐显著低于成年狐，北极狐高于其他狐种，老狐场高于新建狐场。

【临床症状】狐主要表现为泌尿和生殖系统疾病，主要导致母狐的阴道炎、尿道炎、子宫颈炎、子宫内膜炎、卵巢囊肿、肾周肿胀，有的出现血尿。流产前母狐从阴门处排出少量污秽物，多数于妊娠 20～25 天出现流产及胎儿吸收。公狐常出现血尿、睾丸炎、前列腺炎、包皮炎、精子畸形、死精、性欲降低等，严重影响其繁殖力，给养狐业造成严重损失。人工感染后第 3 天狐体温平均升高 1.4～1.6℃，稽留 3 天，第 7～12 天全部流产。

【病理变化】病变主要发生在生殖和泌尿系统。死亡的母狐阴道黏膜充血肿胀，子宫颈糜烂，子宫内膜水肿、充血和出血，严重时子宫黏膜脱落，卵巢常发生囊肿，膀胱黏膜出血。公狐包皮肿胀和前列腺肿大。

【诊断】根据症状、病变主要见于泌尿生殖系统的特征可作出初步诊断。

引起狐繁殖失败的因素较多，如狐阴道加德纳氏菌、绿脓杆菌、沙门氏菌、布鲁氏菌等感染，其流行特点和临床症状有着很大的区别。另外，妊娠期饲养管理不当等因素也可引发本病，应注意鉴别。

【防控措施】狐阴道加德纳氏菌铝胶灭活疫苗免疫效果可靠，每年注射2次。初次使用进行全群检疫，健康狐立即接种，病狐取皮淘汰或药物治疗后进行疫苗注射。

治疗该病的有效药物组合为甲硝唑、替硝唑与氟苯尼考、红霉素、氨苄青霉素联合使用：

（1）甲硝唑 2次/天，每千克体重20毫克，连续服用7天，配合应用替米考星或氟苯尼考每千克体重20毫克，口服，1次/天。

（2）替硝唑 2次/天，每千克体重20毫克，连续服用7天，配合应用氨苄青霉素每千克体重30毫克，口服，2次/天。

该病为人兽共患病，对流产狐阴道流出的污秽物，污染的笼舍、地面及时做好消毒，污染物要深埋或无害化处理，同时注意自身保护，不可直接用手触摸。

第三节　寄生虫病

一、弓形虫病

弓形虫病是一种广泛寄生于人和多种动物除红细胞外的所有有核细胞内的机会性致病原虫。在人、家养动物和野生动物中广泛传播，是全世界危害严重的重要人兽共患病之一。

【病原】弓形虫属原生动物门孢子虫纲真球虫目弓形虫科，其不同的发育阶段有不同的形态结构。在中间宿主（多种哺乳动物和鸟类）体内为滋养体、假包囊、包囊，其中，假包囊破裂散出的速殖子和游离的滋养体是弓形虫的主要致病阶段。包囊内缓殖子可引起慢性感染，在宿主免疫功能低下时可以活化为速殖子。在终末宿主（猫及猫科动物）体内为裂殖体、配子体和卵囊。成熟的卵囊内含有 4 个呈新月状的子孢子，此为感染和传播阶段的虫体。

弓形虫在不同的发育阶段以滋养体最为脆弱，在生理盐水中几小时感染力即消失，1‰来苏儿 1 分钟即可将其杀死。包囊的抵抗力中等，在 4 ℃时尚能存活 68 天，但在冰冻和干燥条件下不易存活。卵囊的抵抗力最强，猫粪中的卵囊可保持感染力达数月，一般消毒药对其无影响；混在土壤和尘埃中能长期存活，在自然界常温常湿条件下可保持感染力 1～1.5 年，干燥和低温不利于卵囊的生存和发育，室温下可生存 3～18 个月，但不耐热，55 ℃ 30 分钟即可被杀死，肉中的包囊要加热至 66 ℃或冷冻至－20 ℃，11 天后才被破坏。

【流行病学】

（1）流行特点　弓形虫感染集中于温暖、潮湿和低海拔地区，呈世界性分布。弓形虫感染普遍的原因可能为：①弓形虫生活史的多个环节都具有传染性。②虫体对中间宿主和寄生组织的选择性不严。③终末宿主可有可无。④虫体在宿主体内保存时间长，卵囊对外界环境抵抗力较强。

（2）感染来源　猫是各种易感动物的主要传染源，感染率高达 66.7%，6 月龄以下的猫排卵最多。卵囊在外界短期发育便具有感染能力，可污染土壤、牧草、饲料、饮水和用具等。带有弓形虫的假囊和包囊的患病动物的分泌物、排泄物、尸体等也是重要的传染源。另外，在流产胎儿体内、胎盘和羊水中均有大量弓形虫存在。

（3）传播途径　猫和猫科动物是其终宿主兼中间宿主，许多哺乳动物、鸟类、鱼类和人类都可作为中间宿主。弓形虫可通过胎盘、初乳感染，也可通过采食被弓形虫卵囊或滋养体污染的饮水、饲料，通过呼吸道、口腔、眼结膜和皮肤，接触患弓形虫病的鼠、禽类（滋养体、包囊）等感染。肉食动物通过饲料感染的概率较大。吸血昆虫也可传播本病。

（4）发病年龄　感染不分年龄、性别，幼龄动物发病率较高。妊娠期感染可致胎儿吸收、流产、死胎、烂胎、难产，产弱仔。

（5）高发季节　无明显季节性，秋冬及早春季节发病率高，可能与寒冷导致动物抵抗力下降及外界条件适合卵囊生存有关。温暖、潮湿地区感染率高。

【临床症状】不同病例潜伏期不同，一般7～10天或数月。急性经过2～4周转归死亡；慢性经过可持续数月，转为带虫免疫状态。临床上表现不同病型，侵害胃肠道、呼吸道、中枢神经系统及眼睛等。

成年银黑狐患病后，体温升高到41～42℃，食欲减退，呕吐，呼吸困难，鼻孔及眼内流出黏液，腹泻带有血液，肢体麻痹，骨骼肌痉挛。死前沿笼子旋转并发出尖叫。

【病理变化】除中枢神经系统外，主要脏器和组织均有眼观病变。

银黑狐和北极狐肝脏肿大，表面布满坏死区，呈淡黄褐色，有红褐色出血带。胃肠内有血块，胃黏膜出血，常有灰白色小坏死灶，小肠黏膜有小溃疡。肺脏肿大、瘀血。胸腔内有淡黄色胸水。淋巴结肿大，切面湿润多汁，并伴有粟粒大灰黄色坏死灶和出血点。

【诊断】根据典型症状，如体温 41～42 ℃，稽留热型、肺炎、肝脏坏死和肌肉麻痹等，可作出初步诊断。确诊需进行实验室检查，取肝、肺、淋巴结、静脉血等涂片做瑞氏或姬姆萨氏染色，油镜下观察到新月状滋养体，即可确诊。

【防控措施】加强饲养管理，定期消毒，加强饲料和饮水的保存，严防被猫粪尿污染，严禁用被污染的饲料和腐败变质的肉、奶、蛋等动物制品饲喂狐，肉类饲料应煮熟饲喂；防猫，灭鼠、蝇及各种昆虫。严格处理好流产胎儿及排泄物，病死动物尸体采用焚烧、深埋或高温处理，加强消毒工作，有条件的将地表水改为地下水，全场管道给水。

（1）病狐个体治疗 ①磺胺嘧啶钠注射液，每千克体重70～100毫克，肌内注射，每日2次，连用5～7天；②10%增效磺胺-5-甲氧嘧啶（SMD）+2%甲氧嘧啶（TMP）注射液，每千克体重0.2毫升。每日1次，连续5～7天。同时在饮水中添加电解多维和微量盐等，以减少应激，防止脱水，补充营养。

（2）群体治疗 ①磺胺嘧啶（SD）每千克体重70毫克+甲氧苄啶每千克体重14毫克，混合服用，每日2次，连用5～7天。②磺胺嘧啶每千克体重70毫克+二甲氧苄氨嘧啶（DVD）每千克体重6毫克，混合服用，每日2次，连用5～7天。③磺胺间甲氧嘧啶（SMM），内服，首次量每千克体重50～100毫克，维持量每千克体重25～50毫克，每日2次，连用5～7天。

二、螨虫病

螨虫病多为接触性传染，是由疥螨科和痒螨科所属的螨虫寄生于狐的体表或表皮下所引起的慢性皮肤病。若饲养管理不当、治疗不及时，会直接影响狐的健康和毛皮质量。

【病原】螨类（疥螨和耳痒螨）是不完全的节肢动物，其发育过程包括卵、幼虫、若虫和成虫4个阶段。

【流行病学】猫、犬及患病动物是主要的传染源，通过直接接触或间接接触传播，如密集饲养，配种污染的笼舍、食盆、产箱及工作服、手套等均可传播。秋冬阴雨天气，有利于螨虫发育，发病较重。春末夏初换毛期，通气改善，皮肤受光照充足，仅有少数螨潜伏在耳壳、腹股沟部等被毛深处，这种带虫动物没有明显症状，但到了秋季，螨又重新活跃起来，引起病情复发，成为最危险的传染源。

【临床症状】

（1）疥螨　剧痒为主要症状，感染越重，痒感越强烈。先是脚掌部皮肤，后蔓延到飞节及肘部，然后扩散到头、尾、颈及胸腹内侧，最后发展为泛化型。其特点是病狐进入温暖小室或经运动后，痒感更加剧烈，不停地咬舐、搔抓、摩擦身体，从而加剧患部炎症，也散布大量病原。多数病例经治疗预后良好，但身体皮肤被广泛侵害，食欲丧失的严重病例则中毒死亡。

（2）耳痒螨　初期局部皮肤发炎，有轻度痒感，病狐时而摇头，或摩擦、搔抓患部，引起外耳道皮肤发红、肿胀，形成炎性水疱，渗出液黏附耳壳下缘被毛，形成痂嵌于耳道内。有时耳痒螨钻入内耳，导致鼓膜穿孔，造成病兽食欲下降，头呈90°～120°转向病耳一侧。严重病例延及脑部，出现痉挛或癫痫症状。

【诊断】本病根据特征性临床症状（结痂）较易作出初步诊断。对症状不明显的病狐，需取患部痂皮，检查有无螨虫才可确诊。有条件的养狐场，可用手术刀片刮少许结痂下面的污物，置洁净玻璃皿内，用10%氢氧化钠溶液浸泡3～5分钟，蘸取1滴悬浊液滴于载玻片上，用放大镜观察，见到螨虫即可确诊。

癣和螨是狐较常见的疾病。螨属于寄生虫，一般寄生在皮肤的第二层，其寄生处常见到不规则、大块的掉皮。癣属于真菌，绝大部分都是附着在皮肤的表面，向四周均匀地扩散，呈比较规则的圆形或椭圆形。

此外，钱癣、湿疹、过敏性皮炎及虱也有皮炎、脱毛、落屑、发痒等症状，应注意区别。

【防控措施】严格执行卫生防疫制度，养殖场内严禁放养其他动物，灭鼠、灭蝇。定期在地面撒生石灰、喷洒氢氧化钠溶液或用火焰喷灯进行消毒。保持笼舍及用具的清洁卫生，不堆积粪便，经常翻晒或更换笼内垫草。从外地购入的狐，隔离饲养经观察无病才能合群。平时注意观察，发现有挠抓皮肤，出现挠伤、秃斑、流污血、结硬痂等症状，须立即报告兽医或负责人，及时采取措施。隔离治疗病狐的同时对全场消毒，用喷灯火焰消毒笼具效果较好。治疗使用的工具器械应严格消毒处理后才能继续使用。患狐所剪下的痂皮、被毛和病尸必须烧毁或深埋，现场彻底清扫后，用氢氧化钠溶液消毒。

（1）发病狐个体治疗　剪毛去痂，将患部用温肥皂水冲刷硬痂和污物，周围3～4厘米处的被毛剪去收集后焚烧或用杀螨药浸泡。绿尹佳（1%伊维菌素），皮下注射，每千克体重0.1毫升，隔1周注射1次，共注射3次，同时注意真菌及细菌混合感染的治疗。

（2）全群预防性治疗　绿尹佳（1%伊维菌素），皮下注射，每千克体重 0.1 毫升，隔 1 周注射 1 次，共注射 3 次。害获灭（1%伊维菌素），皮下注射，每千克体重 0.1 毫升，隔 1 周注射 1 次，共注射 2 次。

三、肾膨结线虫病

肾膨结线虫属膨结科线虫，多寄生于动物的肾脏内，故本病又称肾虫病。

【病原】肾膨结线虫虫体较长，圆条状，两端略细，呈暗红色。雄虫长 14～40 厘米、粗 0.3～0.4 厘米；雌虫长 20～60 厘米、粗 0.5～1.2 厘米。虫卵圆锥形，被有粗厚的卵膜，表面有压迹，卵长 64～83 微米、宽 40～47 微米。

寄生在肾脏或腹腔的肾膨结线虫，性成熟后雌雄交尾，其卵随感染动物尿液被排入水（或土壤）中，被第一中间宿主吞食后，在体内经过两个时期的发育成为幼虫，并形成包囊，被第二中间宿主淡水鱼类吞食后发育成感染蚴。当狐生食带感染蚴的鱼类饲料后，感染蚴经消化道移行到肾脏或腹腔，发育成第三、第四期幼虫，最后变成成虫。

【临诊症状】患狐食欲不佳，呕吐、消瘦，可视黏膜苍白，排血尿等。

【病理变化】尸体消瘦，尸僵完全，口腔黏膜苍白，肝脏受损。腹腔有多量淡黄红色腹水，患侧肾区和腹膜有黄红色绒毛状纤维素附着，多在右侧腹腔发现虫体。

【诊断】生前诊断比较困难，根据临床表现和平日的饲料组成（以淡水鱼类为主），结合尿检发现虫卵，可作出初步诊断。死后解剖发现虫体，即可确诊。

【防控措施】尚无好的治疗方法，以预防为主。饮用水最好用井水。淡水鱼类饲料应煮熟再喂，其他饲料不要和未高温处理的生鱼混放在一起。

四、毛虱病

毛虱病是由毛虱引起的流行甚广、危害极大的永久性外寄生虫病。病狐啃咬、搔扒躯体局部，一般多见于颈部、胸腹侧及腕的背面，出现针绒毛断折缺损。

【病原】毛虱属虱目、食毛亚目。毛虱具有宿主的专一性，体长约1.8毫米，小型无翅，体小扁平，呈黄白色或灰白色。

毛虱为不完全变态，并且只在动物体表上完成其发育。雌毛虱产卵以特殊黏液黏着于被毛的近根部。5～10天孵出幼毛虱，经2～3周变为成虫（毛虱），其间蜕化2～5次，整个发育期为3～4周。以毛、表皮的鳞片为食，但有时也吞食动物皮肤损伤部流出的血液和渗出物。

【流行病学】秋冬两季多发，毛绒浓密季节，体表温度高，适宜毛虱生存和繁殖。主要通过直接接触传播。运输或密集饲养可造成传染扩散。被污染的垫草及用具也可传播该病。

【临床症状】毛虱在体表毛丛中移动频繁，造成痒感，患狐表现不安，摩擦躯体，啃咬患部，常呈犬坐姿势，被毛粗乱，针绒毛断秃，造成被毛缺损，影响皮张质量，或使皮张失去经济价值。该病轻者无明显异常；重者局部被毛缺损，伴有全身症状，如营养不良、消瘦、不愿活动、食欲不振甚至死亡。

【诊断】根据病狐有发痒、掉毛现象，被毛缺损部位有黄白色似皮屑样小虫爬动，可作出初步诊断。显微镜检查见到虫体即可确诊。

【防控措施】狐舍要保持通风、干燥，定期消毒，垫草要勤换、常晒。发现病狐要及时隔离治疗。焚烧污染的垫草，火焰消毒笼舍。用2.5%溴氢菊酯按250～300倍稀释后（0.025%除虫菊酯或1%鱼藤酮粉溶液及其他低毒农药）喷洒地面及笼具，1小时内可杀死虫体。注意杀虫药的用量不要过多，以免中毒。对新引进的种狐必须认真检查，确认无病后再合群。

病狐治疗可用伊维菌素、绿尹佳，全群皮下注射，每千克体重0.1毫升，隔1周注射1次，共注射2次。害获灭，全群皮下注射，每千克体重0.1毫升，1次即可。

第四节　中毒性疾病

一、肉毒梭菌中毒

肉毒梭菌广泛分布于自然界中，主要存在于腐败变质的肉类、鱼类等饲料中。肉毒梭菌属于梭状芽孢杆菌属，在厌氧环境中分泌较强的神经毒素，是目前已知化学毒物和生物毒素中毒性最强的。动物食入含有肉毒梭菌毒素的肉类饲料可引起急性致死性中毒，以运动中枢神经麻痹和延脑麻痹症状为特征。

【临床症状】临床可表现不同的类型，潜伏期为数小时至10天，多为最急性和急性型，动物饲喂了含毒饲料后大批发病死亡。

（1）最急性型　喂食后5～7小时，部分动物突然发病，肌肉进行性麻痹，呼吸、吞咽困难，眼球突出或斜视，瞳孔散大，很快死亡。死前口吐白沫，粪尿失禁，排血样稀便、血尿。死亡率为100%。

（2）急性型　临床多见动物表现共济失调，常侧卧，下颌麻痹而下垂，有的舌脱出口外，吞咽困难，流涎，呼吸加快，排粪失禁，有腹痛。最后心脏麻痹，窒息死亡。

（3）慢性型　舌和喉轻度麻痹，肌肉松弛无力、不能站立（彩图10-10），容易卧倒，起立困难，粪便干燥或稀薄，病程可持续10天以上。

【病理变化】胃肠黏膜充血、出血，卡他性炎症。肺充血、水肿。肝脏、肾脏充血、瘀血，呈暗紫色。脑膜充血。心内外膜有小点出血。

【防控措施】肉类饲料不宜在10℃左右室温内堆放时间过长，冰冻饲料不宜融化时间过长，特别在夏季应尤其注意，防止饲料被肉毒梭菌污染。一旦饲料被肉毒梭菌污染，高温不能使其毒素灭活，应立即停喂已变质或疑似变质的饲料，及时清理、清洗绞肉设备。鸡肠、鱼、肉在饲喂前，用0.3%高锰酸钾浸泡3~5分钟，沥干水分后，用清水冲洗一遍。向饲料中拌入葡萄糖，每50千克饲料1千克，并按照临床使用量加入氟苯尼考、多西环素。另外，添加一定量的复合维生素B，在饲料临近饲喂时加入维生素C。按时给动物免疫接种类毒素疫苗，可以在一定程度上减少该病发生时的死亡率。

本病常突然发病死亡，一般无特效药可用。在未确定毒素型的情况下，可用多价抗毒素血清治疗，静脉或肌内注射。对症疗法：用5%碳酸氢钠液或0.1%高锰酸钾液灌肠、洗胃。

二、食盐中毒

食盐是毛皮动物不可缺少的营养物质，但日粮中食盐过多也会引起不良反应甚至发生中毒。北极狐等毛皮动物对食盐较敏感。

【病因】饲料配方或加工操作失误，造成食盐添加量过大，或食盐颗粒过大、搅拌不匀。

【临床症状】病狐初期极度口渴、大量饮水；慢慢发展为呕吐，流涎，呼吸急促，全身无力，严重的口吐带有血丝的泡沫；也有的表现为高度兴奋，原地打转，尾巴高高翘起，排尿失禁，伴有癫痫和嘶哑的尖叫，继而四肢痉挛，体温下降，于昏迷状态下死亡。

【病理变化】尸僵完全。口腔内有少量的食物及黏液。肌肉呈暗红色。胃肠黏膜充血、出血，肠系膜淋巴结水肿、出血。肺气肿。心内外膜有点状出血。脑膜血管扩张、充血、瘀血，组织有大小不一出血点。

【防控措施】拌料均匀，严格掌握食盐用量标准。日粮中的总含盐量不应超过 0.5%，鱼粉用量少于混合饲料的 10%，供应充足的饮水。

目前尚无特效解毒药。发现食盐中毒后，立即停喂更换饲料，同时给予多次少量饮水，每日 5～7 次，每次 500～1 000 毫升。在解救时，用溴化钾、硫酸镁等缓和兴奋和痉挛，同时静脉注射葡萄糖酸钙注射液，帮助恢复电解质平衡；静脉或皮下注射 5% 葡萄糖酸钙注射液 10～25 毫升，为缓解脑水肿、降低颅内压，可静脉注射 25% 山梨醇 10 毫升，每日 2 次，连用 3 天。体温降低时，根据病情可肌内或静脉注射樟脑磺酸钠注射液 0.5～1.0 毫升（0.05～0.10 克），每日 2 次；也可注射安钠咖 0.1～0.2 克，每日 1 次。

三、霉菌毒素中毒

霉菌毒素中毒就是动物采食了发霉的饲料而引起的中毒性疾病，主要临床特征为急性胃肠炎和神经症状。

【病因】用于饲喂毛皮动物的植物性饲料包括玉米、豆饼、高粱、小麦麸皮等。饲料若保管不当，如存放于气温高、湿度大、通风不良的地方，曲霉菌、白霉菌、青霉菌会大量繁殖，产生毒素，可引起水貂、银黑狐、北极狐、貂、海狸鼠、麝鼠、毛丝鼠等中毒。其中，以黄曲霉毒素引起的中毒最为严重。

【临床症状】病狐食欲减退，精神沉郁，反应迟钝，可视黏膜黄染。呼吸急促，心跳加快。耳后、胸前和腹侧皮肤有紫红色瘀血斑，抽搐、口吐白沫、癫痫性发作。粪便呈黄色糊状，混有大量黏液，严重者混有血液或呈煤焦油状，尿液黄色混浊。有的病狐鼻镜干燥，流涎，少数呕吐。病程一般 2～5 天，最后因心力衰竭而死亡。急性病例未见任何症状而突然死亡。

【病理变化】尸体血液凝固不良，皮肤、皮下脂肪、浆膜及黏膜有不同程度的黄染，耳根部尤为明显。腹腔、胸腔积有大量黄色污秽液体。肝肿大、质脆，呈黄绿色或砖红色，被膜下有点状出血。病程长者肝硬变，胆囊扩张，胆汁稀薄。胃肠黏膜充血、出血、溃疡、坏死，内容物呈煤焦油状，肠内有暗红色凝血块。肾脂肪囊黄染，有点状出血。膀胱黏膜出血、水肿。心包积液，心脏扩张。脑及脑膜充血、出血。

【防控措施】该病尚无特效药物，饲料原料进行常规的霉菌毒素测定。当狐发生中毒时，应立即停喂霉变饲料，饮葡萄糖、绿豆水解毒。同时用 25%～50% 葡萄糖溶液与维生素 C 混合，静脉注射，排毒保肝，每日 1 次，直至痊愈。

四、毒鼠药中毒

动物误食含灭鼠药的饲料、饮水或动物尸体而发生中毒性疾病。灭鼠药种类繁多，可分为抗凝血类（如敌鼠、华法令）、无机磷类（如磷化锌、黄磷等）、有机磷类（如毒鼠磷等）、有机氟类（如氟乙酰胺等）及其他（如安妥、溴甲烷等）等。常见的毒鼠药中毒有安妥、磷化锌、敌鼠钠中毒。

【临诊症状及病理变化】

（1）磷化锌中毒　磷化锌为灰色粉末。磷化锌中毒常在 15 分钟至 4 小时内出现症状，引起腹痛、不食、呕吐、昏迷嗜睡、腹泻、便血。呕吐物有大蒜味，含黑血，暗处可见磷光。运动失调，体温升高，最后四肢挣扎，直至肌肉痉挛，导致死亡。尸体静脉怒张，瘀血。胃肠内容物有大蒜臭味。胃肠黏膜出血，上皮脱落、糜烂。肺充血、水肿，胸膜出血、渗血，肝、肾极度充血。

（2）安妥中毒　安妥是一种强力灭鼠药，为白色、无臭味的结晶粉末。中毒症状为食入几分钟至数小时后口吐白沫，继而腹泻、咳嗽、呼吸困难、可视黏膜发绀、鼻孔流出泡沫状血色黏液。

（3）敌鼠钠中毒　敌鼠钠又名双苯杀鼠酮钠，是一种国产高效灭鼠药。中毒动物精神极度沉郁，体温升高，内外出血。外出血表现为鼻出血、呕血、血尿、血便或黑粪。内出血表现呼吸困难、神经症状或跛行，中毒量多时可表现胃出血，最终死亡。

【防控措施】严格管理，谨防毒饵混入饲料和饮水中。

磷化锌中毒可用 0.1‰～0.5‰ 硫酸铜溶液灌服催吐，肌内注射氨茶碱 50～100 毫克或地塞米松 0.125～0.5 毫克，并给予葡萄糖液、B 族维生素补液，禁用牛奶、鸡蛋及油脂类解毒。还可以参照有机磷中毒的对症治疗。安妥类、敌鼠钠中毒无特效的解毒药，早期可服盐类泻药，对症治疗。

第五节　营养性疾病

一、维生素 A 缺乏症

维生素 A 缺乏症是以引起上皮细胞角化为特征的一种营养缺乏性疾病。

【病因】饲料中维生素 A 不足；储存过久、腐败变质等使日粮中的维生素 A 遭到破坏；消化道疾病影响维生素 A 的吸收。

【临床症状】主要表现皮肤和黏膜角质化、繁殖机能下降。当维生素 A 不足时，2～3 个月出现临床症状。早期表现为共济失调，抽搐，头向后仰沿笼转圈，应激反应增强，受到微小的刺激便高度兴奋。幼狐出现腹泻症状，粪便中混有大量黏膜和血液；有的出现肺炎症状，生长迟缓，换牙缓慢。

【防控措施】保证日粮中维生素 A 的供给量，注意饲料中蔬菜、鱼和肝的供给，以预防本病。治疗时，可在饲料中添加需要量5～10倍的维生素A。

二、维生素E-硒缺乏症

维生素E和硒是动物体内不可缺少的，两者协同作用，共同抗击氧化物对组织的损伤，两种物质的缺乏症状基本相似。

【病因】饲料中维生素E、硒含量不足，或不饱和脂肪酸含量过高、酸败，患肝脏疾病等，均会影响动物机体维生素E的贮存和吸收，从而导致发病。

【临床症状】缺乏维生素E时，母狐表现发情期拖延、不孕和空怀增加，产出的仔狐精神萎靡、虚弱、无吸乳能力，死亡率增高；公狐表现性欲减退。营养好的狐脂肪黄染、变性，多于秋季突然死亡。

【防控措施】根据毛皮动物的不同生理时期提供足量的维生素E，在饲料不新鲜或患肝病时，要加量补给维生素E。治疗主要是补充维生素E，同时补硒。群体缺乏时，可按维生素E每100千克饲料10～15毫克、硒每100千克饲料0.022毫克的量拌料，连用5～7天，也可长期饲喂。个体治疗，维生素E 1 000国际单位，每天2次，连用2～3天，同时应用0.2%亚硒酸钠1毫升，每隔3～5天内注射1次，共用2～3次。

三、B族维生素缺乏症

B族维生素属于水溶性维生素。毛皮动物所需要的B族维生素主要包括硫胺素（维生素 B_1）、核黄素（维生素 B_2）、泛酸（维生素 B_3）、吡哆素（维生素 B_{11}）、生物素（维生素 B_7）、烟酸（维生素 PP）、叶酸（维生素 B_{11}）、胆碱等。

【病因】日粮中 B 族维生素含量不足或被破坏，以及肠道疾病均可造成本病的发生。

【临床症状】患狐厌食，消瘦，被毛粗糙、易脱落脱色，腹泻或便秘。贫血，运动失调，抽搐，死亡。

维生素 B_1 缺乏以肌肉萎缩、组织水肿、心脏扩大及胃肠症状为主要特征，表现为后肢瘫痪、运动失调、昏迷。

维生素 B_2 是参与能量代谢的酶系统的组成成分，冬季常发生核黄素不足，能量释放困难，从而引起各项机能降低。表现为被毛粗乱，脱毛，流泪，流涎及脂溢性皮炎。

维生素 B_6（吡哆素）缺乏时，易患皮炎，鼻端和爪出现疮痂，结膜炎，表现运动失调、瘫痪，最终死亡。

维生素 B_7 在动物体内易被某些氨基酸复合体转化为不能吸收的形式，导致缺乏，表现脱毛、皮炎、痉挛等临床症状。

维生素 B_{11} 缺乏时，发生巨红细胞性贫血，生长缓慢。

维生素 B_{12}（抗恶性贫血维生素）缺乏时，表现贫血，消瘦；幼狐发育停滞，出现腹泻或便秘等。血液稀薄，肝脏变黄变脆，肝细胞坏死和脂肪变性。

胆碱缺乏时，表现被毛粗糙，四肢无力，衰竭死亡。

【防控措施】供给全价配合饲料。有 B 族维生素缺乏症状时，应及时添加复合维生素 B，连用 3～5 天。同时查明原因，及时更改饲料配方。

四、钙磷代谢障碍

钙磷代谢障碍是引起佝偻病的原因之一。

【病因】食物中钙磷比例失调或维生素D缺乏，影响钙的吸收利用。另外，妊娠、哺乳期及正在生长发育的仔狐对钙需要量大，也可发生钙缺乏症。

【临床症状】最典型表现是两前肢肘外向呈O形腿，最先发生于前肢骨，接着是后肢骨和躯干变形，肋骨和软骨结合处变形、肿大、呈念珠状。仔狐佝偻病表现为头大，腿短弯曲，腹部增大下垂。有的仔狐肌肉松弛，关节疼痛，多用后肢负重，呈现跛行。病狐抵抗力下降，易感冒或感染传染病。

【防控措施】合理调整饲料中的钙磷比例，对处于妊娠、哺乳期的母狐及正在生长发育的仔狐及时补充维生素D及含钙物质。

治疗常用维生素D油剂或鱼肝油，每日剂量为狐1500～2000国际单位，持续2周。

五、维生素C缺乏症

仔狐缺乏维生素C时，常引起"红爪病"。

【病因】哺乳期，母体内维生素C缺乏或者合成量不足。

【临床症状】1周以内的仔狐患红爪病，表现为四肢、尾部水肿，皮肤高度潮红，趾垫肿胀变厚。一段时间以后，趾间溃疡、龟裂。妊娠期母狐严重缺乏维生素C，则仔狐在胚胎期或出生后发生脚掌水肿，并逐渐严重，出生后第二天脚掌伴有轻度充血，此时尾端变粗，皮肤潮红。患病仔狐常头向后仰，到处乱爬，发出尖叫，精力衰竭。仔狐不能吮吸母乳，导致母狐乳腺硬结，表现不安，拖拉甚至咬死仔狐。

【防控措施】保证饲料中维生素种类齐全、数量充足。饲喂不新鲜的蔬菜时，补加一定量的维生素C，每日每只20毫克以上。维生素C一定要用凉水调匀，防止高温分解。母狐产仔后，及时检查，发现红爪病及时治疗。可以用滴管给仔狐经口投给3％～5％维生素C溶液，每日每只1毫升，每日2次，直至肿胀消除。病情严重者，可皮下注射3％～5％维生素C溶液，一次1～2毫升，每天1次，连续注射3天，隔3天后，再注射一个疗程。

第六节　产科病

一、流产

【病因】引起流产的原因有很多，如饲料营养不全、霉烂变质、妊娠母狐患病、母体内环境异常及机械性因素等均可引起流产，其中饲料不新鲜或腐败是主要原因。环境中有较大刺激，例如存在大量有害物质、强光、高音等会引发大批流产。卵子异常、胚浆缺损、染色体异常、孕酮不足或黄体机能减退是早期流产的重要原因。妊娠后期，如果母体激素发生异常，则会发生自发性流产。大肠杆菌、葡萄球菌、胎儿弧菌、布鲁氏菌及狐加德纳氏菌等感染，某些病毒感染（如犬瘟热、细小病毒感染、传染性肝炎等）和肿瘤等也能导致流产。有时只是看到阴道流出分泌物而看不到流产的过程及排出的胎儿，流产狐经常吃掉胎儿。

【临床症状】狐多发生隐性流产，从阴道内流出恶露，呈红黑色、膏状。母狐食欲不好或者拒食。

【诊断】临床上很多病原微生物，如沙门氏菌、葡萄球菌、狐阴道加德纳氏菌、布鲁氏菌、肺炎球菌等，均能够引发妊娠母狐流产，必要时进行病原分离鉴定。对病因不详的自发性流产母狐须进行全面检查，查明营养状况、有无内分泌疾病或其他疾病；仔细触诊腹壁，确定子宫内是否还存有胎儿。

【防控措施】预防本病主要是加强饲养管理。在整个妊娠期，保证饲料全价、新鲜、组成稳定。另外，要防止妊娠母狐应激，养殖场要保持安静，防止意外惊动。对已发生流产的母狐，要防止子宫炎和自身中毒。可以肌内注射青霉素10万～20万单位，每日2次；为了提高其食欲，可以注射复合维生素B注射液0.5～1.0毫升。保胎治疗，可以肌内注射复合维生素E注射液、1%黄体酮（银黑狐、北极狐0.3～0.5毫升）。对已经确认为死胎者，可以先注射缩宫素1.0～2.0毫升，产出死胎，再按照上述方法治疗。

二、难产

【病因】妊娠前期，饲料营养过剩，母体过胖；母狐在妊娠期间，饲料成分经常变化或喂给腐败变质饲料，造成妊娠母狐食欲波动或拒食；胎儿发育不均、死胎、畸形胎、胎儿水肿等；母体产道狭窄，胎势、胎位异常等，都会发生难产。

【临床症状】多数病例会在超出预产期时发病，表现不安，不断出入产箱内外，呼吸急促；努责、排便，并发出痛苦的呻吟；有的从阴道流出血样分泌物，后躯活动不灵活，母狐时而回视腹部，不断地舔舐外阴部；也有的胎儿前端露出外阴，久产不下；母狐体力衰竭，精神萎靡，严重者昏迷。

【诊断】已到预产期，母狐表现不安，并有临产表现，却不见胎儿娩出，时间超过 24 小时，则视为难产。

【治疗】发生难产时，可进行人工催产。狐肌内注射脑垂体后叶素或催产素 1 单位，间隔 20～30 分钟，可重复注射 1 次；经 24 小时仍不见胎儿产出时，可行人工助产。首先用 0.1‰高锰酸钾或新洁尔灭溶液做外阴消毒，然后用甘油或豆油做阴道润滑处理，用开膣器撑开阴道，然后用长嘴疏齿止血镊子将胎儿拉出。助产无效，则剖腹产取胎，以挽救母狐和胎儿生命。

三、不孕

不孕是成年母狐不发情或发情后经多次配种难于受孕的一类繁殖障碍性疾病。另外，在生产上未孕母狐称为空怀。

【病因】不孕主要包括先天性不孕和后天获得性不孕两种。生殖器官发育异常或者畸形可引起先天性不孕。后天获得性不孕有很多原因：营养性因素，如营养过剩、维生素缺乏等；管理因素，如运动不足、卫生条件差等；繁殖技术因素，如配种不及时，人工授精时精液质量不合格等；环境气候因素，光照、气候的变化可能会影响卵泡的发育；疾病性因素，如产后护理不当或出现影响生殖机能的其他疾病等，导致母狐不孕。

【防治措施】找到不孕的原因，调查其在狐群中发生和发展的规律，制订计划，并采取有效措施，消除不孕。①搞好养殖场卫生，并保证养殖场周围环境良好。养殖场应避风向阳、冬暖夏凉、地势平坦、排水良好等，这是避免母狐不孕的重要条件之一。②加强母狐的饲养管理。在饲养上必须满足母狐的营养需要，肥胖的母狐减少精饲料喂量，增加运动；对于营养不足的母狐，要加强饲养。③及时诊断治疗各类产科疾病。如卵泡囊肿、卵巢肿大，可肌内注射青霉素每千克体重10万单位，2次/天，连用2～3天，待囊肿消除、卵巢正常、卵泡发育成熟将要排卵时，方可交配。如果发生持久黄体，可注射前列腺素30毫克，促使黄体溶解消退，再注射卵泡刺激素，待卵泡生成发育成熟后，方可交配。④要避免助产不当造成继发感染引起的不孕。

四、乳房炎

乳房炎又名乳腺炎，是乳腺受到物理、化学、微生物刺激而发生的一种炎性变化。临床表现为乳房肿大、质硬、化脓、乳汁变性等症状。

【病因】多数是病原微生物感染乳腺而引起的。在毛皮动物中，乳房炎主要由葡萄球菌和链球菌引起，并且常呈混合感染。机械性损伤、乳汁积滞、应激等也可诱发该病。

【临床症状】母狐精神不安，食欲减退，不愿进小室，并且拒绝给仔狐喂乳，有的母狐会把仔狐叼出小室，不去护理；严重时精神沉郁，喜饮水。仔狐常发出尖叫声，发育迟缓，被毛蓬乱，消瘦，直至病死、饿死。

触诊患狐乳腺红肿、发热，乳房基部常形成纽扣大小的硬结，有的乳房有伤痕、破溃、化脓，并且流出黄红色脓汁。对于慢性病例，乳房常发生结缔组织增生，乳房硬肿。

【诊断】根据母狐不愿护理仔狐，仔狐腹部不饱满、发育迟缓，可以怀疑为乳房炎。对母狐进行乳房检查可确诊。

【防控措施】消灭病原，加强饲养管理，提高狐的自身抵抗力。首先，产前要进行严格消毒。对食槽、笼具、饮水器等要彻底消毒，产房内的垫草、粪便、废弃物应进行无害化处理。其次，保证舍内安静，避免机械损伤。另外，要经常注意观察母狐的哺乳行为和产仔情况，发现异常要及时处理。在乳房炎高发的泌乳期，要按"多投精喂，保持安静，供足饮水"的方式来加强护理。

【治疗】将待哺乳仔狐分散到其他健康母狐，防止仔狐食用变质奶后患病死亡。乳房炎难于治愈，个别散发病例，应尽快淘汰出种狐行列。如需治疗可参考以下方案：在炎症初期，乳房红肿、硬结尚未化脓时，每日多次按摩患狐乳房，挤出乳汁；对于有硬结的，应采用先冷敷后热敷的方式促进炎性物质的吸收。为快速消炎、控制感染，可肌内注射青霉素、链霉素等消炎药物。如果乳房已经感染化脓，则不可按摩，可以用 0.1% 普鲁卡因 5 毫升、青霉素或链霉素 20 万单位，在炎症周围健康部位进行点状封闭。当局部化脓破溃时，先切开排脓，然后用 0.1%～0.3% 雷佛奴耳、过氧化氢、利凡诺等洗创液洗涤局部，再涂以消炎药物；同时肌内注射抗生素，一般狐每次 40 万单位青霉素，每日 2 次，连用 3～5 天。对于乳房坏死者，应切除坏死组织，涂以消炎软膏。对拒食的母狐，可静脉、皮下或腹腔注射 5%～10% 葡萄糖 100～200 毫升，维生素 C 和复合维生素 B 各 0.5～1.0 毫升，每天 1 次，进行辅助治疗。

参 考 文 献

安铁洙，宁方勇，刘培源，2013. 毛皮动物生产配套技术手册 [M].
　北京：中国农业出版社.

白秀娟，2002. 简明养狐手册 [M]. 北京：中国农业大学出版社.

白秀娟，2007. 养狐手册 [M]. 北京：中国农业大学出版社.

白秀娟，2013. 经济动物生产学 [M]. 北京：中国农业出版社.

陈溥言，2008. 兽医传染病学 [M]. 北京：中国农业出版社.

陈之果，刘继忠，2006. 图说养狐关键技术 [M]. 北京：金盾出版社.

费荣梅，景松岩，宋晓东，2000. 蓝霜狐不同生长期皮肤组织超微结
　构观察 [D]. 东北林业大学学报，28（2）：35-38.

冯强，荆丽珍，隋昶生，等，2008. 褪黑激素在毛皮动物养殖应用中
　的研究进展 [J]. 饲料工业，29（07）：52-54.

葛东华，2000. 银黑狐养殖实用技术 [M]. 北京：中国农业科技出版社.

韩盛兰，李华周，闫立新，等，2010. 高效新法养狐 [M]. 北京：科
　学技术文献出版社.

华盛，华树芳，2009. 毛皮动物高效健康养殖关键技术 [M]. 北京：
　化学工业出版社.

金春光，王波，2011. 皮肉兼用狐狸的养殖与产品加工技术 [M]. 北
　京：科技文献出版社.

李维克，2009. 外源性褪黑激素对蓝狐、蓝霜狐及乌苏里貉毛皮性状
　影响的研究 [D]. 东北林业大学.

林厚坤，赵晋，李美荣，等，2007. 毛皮加工及质量鉴定 [M]. 北
　京：金盾出版社.

刘国世，2009. 经济动物繁殖学 [M]. 北京：中国农业大学出版社.

刘吉山，姚春阳，李富金，2017. 毛皮动物疾病防治实用技术 [M].
　北京：中国科学技术出版社.

刘建柱，马泽芳，2014. 特种经济动物疾病防治学 [M]. 北京：中国农业大学出版社.

马永兴，付志新，张军，2009. 狐狸养殖与疾病防治技术 [M]. 北京：中国农业大学出版社.

马泽芳，崔凯，2014. 貂狐貉实用养殖技术 [M]. 北京：中国农业出版社.

马泽芳，崔凯，高志光，2013. 毛皮动物饲养与疾病防制 [M]. 北京：金盾出版社.

马泽芳，崔凯，王利华，等，2017. 狐狸高效养殖关键技术有问必答 [M]. 北京：中国农业出版社.

朴厚坤，王树志，丁群山，2006. 实用养狐技术 [M]. 北京：中国农业出版社.

钱国成，魏海军，刘晓颖，2006. 新编毛皮动物疾病防治 [M]. 北京：金盾出版社.

秦绪伟，2016. 毛皮动物分窝断奶期注意事项 [J]. 山东畜牧兽医，37 (05)：49-50.

覃能斌，孙海峡，刘春龙，2006. 实用养狐技术大全 [M]. 北京：中国农业出版社.

佟煜人，2008. 毛皮动物饲养员培训教材 [M]. 北京：金盾出版社.

佟煜人，籍玉林，2006. 毛皮兽养殖技术问答 [M]. 北京：金盾出版社.

佟煜人，谭书岩，2007. 狐标准化生产技术 [M]. 北京：金盾出版社.

佟煜人，张志明，2009. 毛皮动物毛色遗传及繁育新技术 [M]. 北京：金盾出版社.

佟煜仁，南国梅，2008. 怎样提高养狐效益 [M]. 北京：金盾出版社.

汪恩强，金东航，黄会岭，2003. 毛皮动物标准化生产技术 [M]. 北京：中国农业大学出版社.

王康，2017. 主要毛皮动物毛皮/肉/脂肪组织特性及褪黑激素对兔的发育调节 [D]. 山东农业大学.

王忠贵，2003. 家庭高效养狐新技术 [M]. 北京：科学技术文献出版社.

魏伟，徐叔云，1996. 免疫系统褪黑素结合位点的研究进展 [J]. 中国药理学通报 (5)：392 - 394.

夏咸柱，高宏伟，华育平，2011. 野生动物疫病学. 北京：高等教育出版社.

肖峰，2004. 外源褪黑激素对狐季节性繁殖与冬毛生长的影响及引进芬兰狐精液品质的研究 [D]. 北京：中国农业大学.

熊家军，2011. 特种经济动物生产学 [M]. 北京：科学出版社.

徐峰，李经才，1996. 褪黑激素的抗应激作用 [J]. 沈阳药科大学学报 (31)：18 - 23.

徐俊宝，蔡辉益，赵秀桓，1994. 特种动物维生素营养需要及注意事项 [J]. 中国饲料 (10)：29 - 31.

许国营，佟向阳，齐彩艳，等，2003. 应用银黑狐精液改良蓝狐配种技术的研究与效果 [J]. 黑龙江畜牧兽医 (10)：54 - 55.

闫新华，2007. 珍贵毛皮动物养殖技术 [M]. 长春：吉林出版集团有限责任公司.

杨童奥，2016. 银黑狐和蓝狐杂交一代公狐不育机制的初步研究 [D]. 中国农业科学院.

余四九，2003. 特种经济动物生产学 [M]. 北京：中国农业大学出版社.

张少忱，金爱莲，1997. 埋植褪黑激素对貂、貉促进毛皮生长效应的试验研究 [J]. 动物学杂志，32 (2)：35 - 38.

郑庆丰，2009. 科学养狐技术 [M]. 北京：中国农业大学出版社.

周爱民，袁育康，范桂香，等，2001. 褪黑素的免疫调节作用 [J]. 西安医科大学学报，22 (5)：422 - 424.

周战江，王旭鹏，王耀平，等，2003. 埋植褪黑激素对银狐精液生产和品质的影响 [J]. 经济动物学报，7 (3)：13 - 17.

ALLAIN D，ROUGEOT J，1980. Induction of autumn moult in mink with melatonin [J]. Reproductive Nutrition Development (20)：197.

CRAIG E. GREENE，DVM，MS，DACVIM. Infectious diseases of the dog and cat. Fourth Edition. Elsevier. 2012.

参考文献

FORSBERG M, FOUGNER J A, HOFMO P O, et al, 1990. Einarsson
E. J. Effect of Melatoninimplants on reproduction in the male siluer fox
(Yulpes Yulpes) . J. Reprod. Ferti (88): 383 - 388.

MAESTRONI G J, 1998. The photoperiod transducer melatonin and
immune - hematopoietic system [J]. J Photochem Photobiol B, 43
(3): 186 - 192.

PARKANYI Y, ZEMAN M, TOCKA L, et al, 1993. Effect of me-
latonin on change of winter fur and spermatogenesis in male po-
larfoxer [J]. 61 (8): 5 - 6.

狐狸高效养殖关键技术

彩图2-1 赤 狐

彩图2-2 银黑狐

彩图2-3 蓝色型北极狐

彩图2-4 白色型北极狐

彩图2-5 芬兰北极狐

彩图2-6 芬兰原种影(白)狐

彩图3-1 狐 棚

彩图3-2 三角铁、水泥墩、石棉
瓦结构狐棚

彩图3-3 大棚式结构狐棚

彩图3-4 石棉瓦遮盖式狐棚

彩图3-5 狐 笼

彩图3-6 与笼舍连接的小室

彩图3-7 木质板材小室

彩图3-8 砖混材料小室

彩图3-9 无小室笼舍

彩图3-10 小室的活动盖板

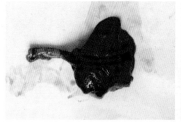

彩图 10-1　肺出血

彩图 10-2　胃黏膜潮红、出血

彩图 10-3　脾出血

彩图 10-4　膀胱黏膜出血

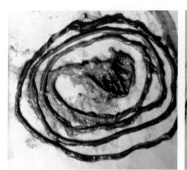

彩图 10-5　肠黏膜弥漫性出血

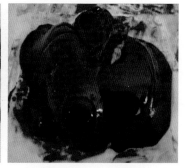

彩图 10-6　肝脏肿大

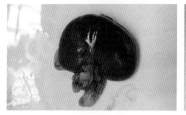

彩图 10-7　肾脏肿大

彩图 10-8　肺充血、瘀血

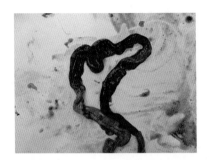

彩图 10 - 9　肠道出血、黏膜脱落

彩图 10 - 10　病狐无力、不能站立

1800f exercise(3)

1200
600
1800.00

9)1.16
4792
4414

2

1.985
300
1985
220
1465
500
+985
300
+485
40
250
+475
525
250